采油工程

2025 年第 2 辑

大庆油田有限责任公司采油工艺研究院 编

石油工业出版社

图书在版编目（CIP）数据

采油工程 . 2025 年 . 第 2 辑 / 大庆油田有限责任公司采油工艺研究院编 . -- 北京：石油工业出版社，2025. 6. -- ISBN 978-7-5183-7617-9

Ⅰ . TE35

中国国家版本馆 CIP 数据核字第 2025FM7822 号

《采油工程》编辑部

主　　编：	郭　斌
副 主 编：	王海龙　李博睿　陈　琳
编　　辑：	孟思媛　牛爽爽　张德兰　李　璇
英文校对：	班　丽　张　琦　张　婧
地　　址：	黑龙江省大庆市让胡路区西宾路 9 号
邮　　编：	163453
电　　话：	0459-5974645　　010-64523587
邮　　箱：	cygc@petrochina.com.cn

出版发行：石油工业出版社
　　　　　（北京安定门外安华里 2 区 1 号　100011）
网　　址：www.petropub.com
经　　销：全国新华书店
印　　刷：北京晨旭印刷厂

2025 年 6 月第 1 版　2025 年 6 月第 1 次印刷
880 毫米 ×1230 毫米　开本：1/16　印张：5.25
字数：151 千字

定价：45.00 元

（如出现印装质量问题，我社图书营销中心负责调换）

版权所有，翻印必究

采油工程
2025年 第2辑

目　次

增产增注技术

CO_2 复合吞吐工艺在朝阳沟油田的应用 ………………………………… 韩国鑫　1

稠油井纳米复合表面活性剂与热气能技术应用 ………………………… 赵思聪　7

低渗透油田纳米乳液吞吐增产技术研究 ………………………………… 李先超　12

井筒清防垢技术研究与应用 ……………………………………………… 计　红　18

改性二维纳米表面活性剂在低渗透油田的应用 ………………………… 李　鑫　22

水平井三相螺旋式 AICD 实验研究与性能分析 ……………… 王青海，马紫梁，卢思思　28

人工举升与节能

低渗透油田不停机间抽技术应用 …………… 关文涛，宋成功，方　明，徐　浩，张玉民　33

高黏度斜井抽油机载荷计算模型研究 …………………………………… 许永辉　39

永磁半直驱同步电动机在低渗透油田的应用 …………………………… 王雨霞　46

钻完井与修井

稠油区块低成本井筒维护技术研究与应用 ……………………………… 王俊锋　51

弃置井报废技术研究与运用 ……………………………………………… 张建勇　57

油气藏工程及方案优化

平衡式液力补偿装置研究 ………………………………………………… 谭景超　64

A 区块油井清防蜡工艺优化研究与应用 ………………………………… 姜亮亮　68

英文摘要 ……………………………………………………………………………… 73

OIL PRODUCTION ENGINEERING

Contents

STIMULATION AND STIMULATED INJECTION

Application of CO_2 Composite Huff and Puff Technology in Chaoyanggou Oilfield .... Han Guoxin 1

Application of Composite Nano-Surfactant and Thermal Gas Energy Technology in Thick Oil Wells
.... Zhao Sicong 7

Study on Nano-Emulsion Huff and Puff Oil Stimulation Technology for Low Permeability Oilfields
.... Li Xianchao 12

Research and Application of Scale Removal and Inhibition Technology in Wellbore .... Ji Hong 18

Application of Modified Two-Dimensional Nano-Surfactant in Low-Permeability Oilfields ...... Li Xin 22

Experimental Study and Performance Analysis of Three-Phase Spiral AICD in Horizontal Wells
.... Wang Qinghai, Ma Ziliang, Lu Sisi 28

ARTIFICIAL LIFT AND ENERGY SAVING TECHNOLOGY

Application of Non-Stop Intermittent Pumping Technology in Low-Permeability Oilfields
.... Guan Wentao, Song Chenggong, Fang Ming, Xu Hao, Zhang Yumin 33

Research on Load Calculation Model of Oil Pumping Units in High-Viscosity Inclined Wells ...... Xu Yonghui 39

Application of Permanent Magnet Semi-Direct Drive Synchronous Motors in Low-Permeability Oilfields
.... Wang Yuxia 46

DRILLING, COMPLETION AND WORKOVER

Research and Application of Low-Cost Wellbore Maintenance Technology for Heavy Oil Reservoirs
.... Wang Junfeng 51

Research and Application of Abandoned Well Treatment Technology .... Zhang Jianyong 57

RESERVOIR ENGINEERING AND SCHEME OPTIMIZATION

Research on Balanced Hydraulic Compensation Device .... Tan Jingchao 64

Research and Application on Optimization of Wax Removal and Prevention Technology for Oil
  Wells in Block A .... Jiang Liangliang 68

ABSTRACT 73

CO_2 复合吞吐工艺在朝阳沟油田的应用

韩国鑫

(大庆油田有限责任公司第十采油厂)

摘 要：针对朝阳沟油田部分采油井注水受效差、地层能量得不到有效补充的问题，开展了 CO_2 复合吞吐工艺的应用研究。根据 CO_2 吞吐工艺原理，结合应用过程中的难题，优化形成了"四段塞"工艺、防冷伤害措施、焖井及放喷制度；并通过现场应用，分析 CO_2 复合吞吐工艺效果，制定多轮 CO_2 复合吞吐工艺制度。CO_2 复合吞吐工艺在朝阳沟油田应用273井次，措施有效率为90.1%，措施后初期日增油量为1.36t，有效期内平均单井累计增油量为165.9t；对于多轮实施 CO_2 复合吞吐工艺的采油井，当上轮失效后便可进行下一轮吞吐，并且注气量建议为上轮吞吐注气量的1.38~1.44倍。形成的 CO_2 复合吞吐工艺为大庆外围低渗透油田补能增产技术提供了参考。

关键词：CO_2 复合吞吐；低渗透油田；工艺优化；多轮吞吐；注气量

渗透率小于50mD的油层为低渗透油层。我国已探明的低渗透油田地质储量逐年上涨，低渗透油藏已经成为油气开发建设的重要领域。然而，低渗透油藏储层物性比较差，开发难度较大。注水开发过程中常出现注水受效差、注水压力高、产能相对低的难题，低渗透油藏如何高效开发一直是油气田开发领域的重点研究方向[1-2]。CO_2 易溶于原油，可降低原油黏度及界面张力，增大原油膨胀系数，改善油水流度比[3]。

近年来，国内许多学者对 CO_2 吞吐技术进行了研究。李胜利等[4]针对大庆榆树林油田不能满足环空 CO_2 吞吐注入条件的问题，研制了承压密封短节和吞吐配套药剂，形成了不动管柱从油套环空注入低温液态 CO_2 和配套药剂的吞吐工艺。何厚锋等[5]针对低孔隙度、低渗透油藏条件，建立了组分模型，分析了 CO_2 不同注入方式对吞吐效果的影响，表明连续注气具有一定优势。熊建华等[6]开展了低渗透注 CO_2 吞吐提高采收率实验研究，分析了生产压力、焖井时间、吞吐周期以及岩心渗透率对采收率的影响。李胜利等[7]开展 CO_2 吞吐防杆卡剂的研究，其在-30℃条件下状态稳定，可保证吞吐后抽油机正常启动，且无冻井、无杆卡。刘浩等[8]利用CMG软件定性和定量分析 CO_2 吞吐各参数对提高采收率的影响，得出影响程度由高到低分别为注入时长、日注气量、注入时机、焖井时长。

朝阳沟油田属于低孔隙度、低渗透率油藏，受砂体发育及储层物性影响，部分采油井注水受效差，地层能量得不到有效补充。当前学者所研究的试验条件与朝阳沟油田真实地层环境有所差别。因此，借鉴现有研究成果，自2017年开始进行现场试验，通过现场试验不断对工艺进行改进优化，探索适合朝阳沟油田储层物性特点的 CO_2 复合吞吐工艺。

1 工艺分析与优化

1.1 工艺原理

CO_2 吞吐工艺是将液态 CO_2 经油套环空注入油层，经过一定时间的焖井使其溶解平衡后再开

作者简介：韩国鑫，1994年生，男，助理工程师，现主要从事采油工程方面工作。
邮箱：13936947986@163.com。

井采油，利用CO_2补能、降黏、酸化等作用，提高单井产油量，其工艺如图1所示。

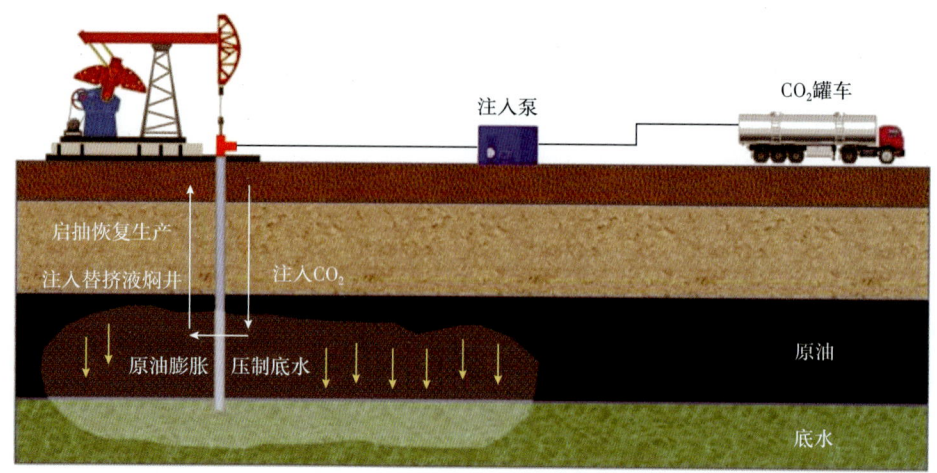

图1 CO_2吞吐工艺示意图

1.2 技术难题

CO_2吞吐工艺在实际应用过程中面临的主要技术难题如下：（1）液态CO_2注入井内初期瞬间气化，造成井筒内局部温度骤降，油管内油水凝固结冰，造成启抽卡泵或体积膨胀涨破油管。（2）CO_2注入地层发生气窜，降低波及范围。（3）CO_2溶于水后形成的碳酸引起电化学反应，导致井下管柱发生腐蚀。

1.3 工艺优化

朝阳沟油田2016年开展了CO_2吞吐先导试验。施工工艺为液态CO_2吞吐工艺，采用醇类防冻液防止抽油杆卡阻。措施后主要问题为卡泵率高、措施有效率低、增油效果差。自2017年以来，对CO_2吞吐工艺不断进行优化，以探索适合朝阳沟油田的CO_2复合吞吐工艺。

1.3.1 "四段塞"工艺

探索形成了"四段塞"工艺，如图2所示。第一段塞：注入防冻液。将防冻液作为前置液注入管柱，避免油水凝固结冰，防止卡泵及管柱胀裂。第二段塞：注入复配化学药剂。化学药剂由表面活性剂、醇类及黏土防膨剂复配而成，注入工艺由泵车连续注入调整为靠液柱重力自吸注入，以增加药剂扩散范围，降低原油凝点，使药剂充分溶解并剥离重质油，有利于后期注入CO_2的溶解和扩散，可有效防止黏土膨胀，防止气窜。第三段塞：注入液态CO_2，起增能、降黏、解堵和降低油水界面张力的作用。第四段塞：注入主要成分为缓蚀剂的替挤液，有效减少碳酸腐蚀井下管柱。

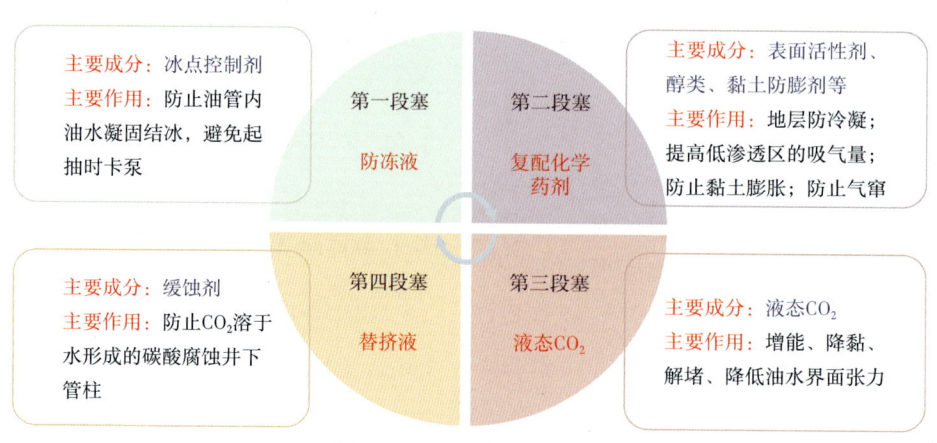

图2 "四段塞"工艺图

1.3.2 防冷伤害措施

一是井筒防冻堵：油管充满由醇类防冻液、缓蚀剂组成的防杆卡液，起到油管防凝、防冻卡作用，-20℃不凝不冻。

二是地层防冷凝：优选由降凝剂、表面活性剂组成的防冷伤害液，防止近井地带重质组分沉积，原油凝点降低6℃，洗油效率可达85%。

三是井口升温：设计井口预加热装置。井口注入管线最初不设预加热装置，管线内易结冰。初步改良为管线缠绕加热带，升温效果不稳定。后期改进形成井口注气管线预加热装置，其原理如图3所示。低温CO_2进入预加热装置，经过装置内置加热棒加热，并由温控器精确控制管线的温度，确保CO_2在输送过程中保持适当的温度，CO_2由-20℃升高至8~10℃后注入井口，有助于气化增注，降低冷伤害。

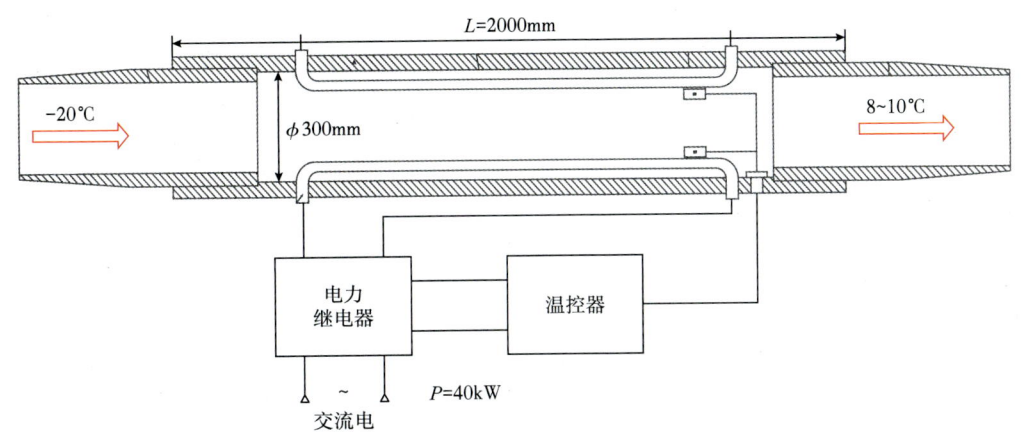

图3　井口注气管线预加热装置原理图

1.3.3 焖井及放喷制度

套压变化反映CO_2在地层中的状态。在焖井初期，随着CO_2向地层中扩散、溶解以及与原油发生一系列物理化学作用，井口套压逐渐下降。这是因为CO_2的溶解使原油体积膨胀、黏度降低，地层内流体的流动性增强，部分能量被消耗在驱替原油过程中。当焖井到一定时间后，CO_2在油藏中的扩散和溶解逐渐达到平衡，井口套压也会趋于稳定。井口套压随焖井时间变化如图4所示，平均13d左右井口套压趋于稳定，日压降连续3d不大于0.1MPa，故优化焖井时间为10~15d。套压降至1MPa以下，控制放喷。待产出流体中CO_2的含量降低到一定程度，接近地层原始流体中CO_2的含量，且油、气、水的比例也趋于稳定，表明CO_2在油藏中的作用已基本完成，即可停止放喷，启抽生产。

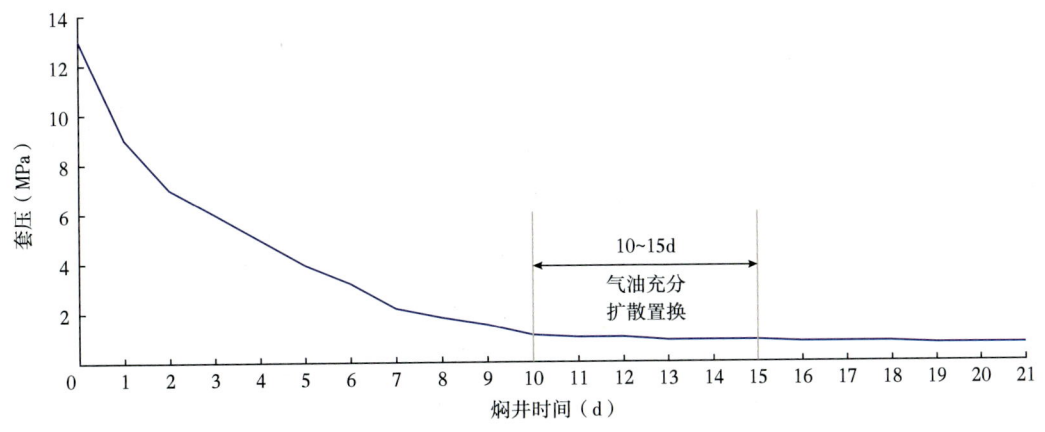

图4　井口套压随焖井时间变化曲线图

2 现场应用

2.1 分析 CO_2 复合吞吐工艺效果

2017—2024 年，朝阳沟油田推广应用 CO_2 复合吞吐工艺 273 井次，应用统计结果如表 1 所示。其中，2017—2018 年应用 CO_2 复合吞吐工艺现场试验 8 井次，增加了由醇类和表面活性剂组成的前置液段塞；2019 年应用 CO_2 复合吞吐工艺现场试验 20 井次，确定了"四段塞"工艺，同时确定了三项防冷伤害措施；2020 年应用 CO_2 复合吞吐工艺现场试验 20 井次，优化了焖井及放喷制度；2021—2024 年持续推广应用 CO_2 复合吞吐工艺现场试验 225 井次。

表 1 朝阳沟油田 CO_2 复合吞吐工艺效果统计表

年份	实施井次（井次）	有效率（%）	措施前			措施后初期			措施后初期平均单井日增油量（t）	有效期内平均单井累计增油量（t）
			平均单井日产液量（t）	平均单井日产油量（t）	平均单井含水率（%）	平均单井日产液量（t）	平均单井日产油量（t）	平均单井含水率（%）		
2017	2	100.0	0.63	0.58	7.9	2.32	2.02	12.9	1.44	256.5
2018	6	100.0	0.74	0.55	25.7	2.54	1.36	46.5	0.81	168.3
2019	20	95.0	0.71	0.50	29.6	2.71	2.11	22.1	1.61	169.4
2020	20	90.0	1.15	0.75	34.8	3.42	2.51	26.6	1.76	167.8
2021	70	82.9	1.31	0.71	45.8	3.43	1.95	43.1	1.24	157.5
2022	65	90.8	1.23	0.60	51.2	3.21	1.76	45.2	1.16	165.9
2023	40	95.0	1.03	0.50	51.5	3.42	1.77	48.2	1.27	170.8
2024	50	92.0	1.01	0.52	48.5	3.59	2.15	40.1	1.63	167.5
合计/平均	273	90.1	1.12	0.60	46.4	3.32	1.96	41.0	1.36	165.9

注：措施后初期为启抽后 5~15d；有效期为 9~11mon。

统计结果显示，措施有效率为 90.1%，措施后初期平均单井日增油量为 1.36t，有效期内平均单井累计增油量为 165.9t，措施效果较好。

对比不同连通厚度比（连通厚度比为连通厚度/有效厚度）采油井的 CO_2 复合吞吐工艺措施效果如图 5 所示。统计连通厚度比小于 20% 的措施 28 井次，措施有效率 94.6%，平均单井累计增油量为 188~195t；连通厚度比大于 20% 的措施 245 井次，措施有效率 87.8%，平均单井累计增油量为 147~183t。对比分析表明 CO_2 复合吞吐工艺针对注水受效差井的挖潜效果更好。

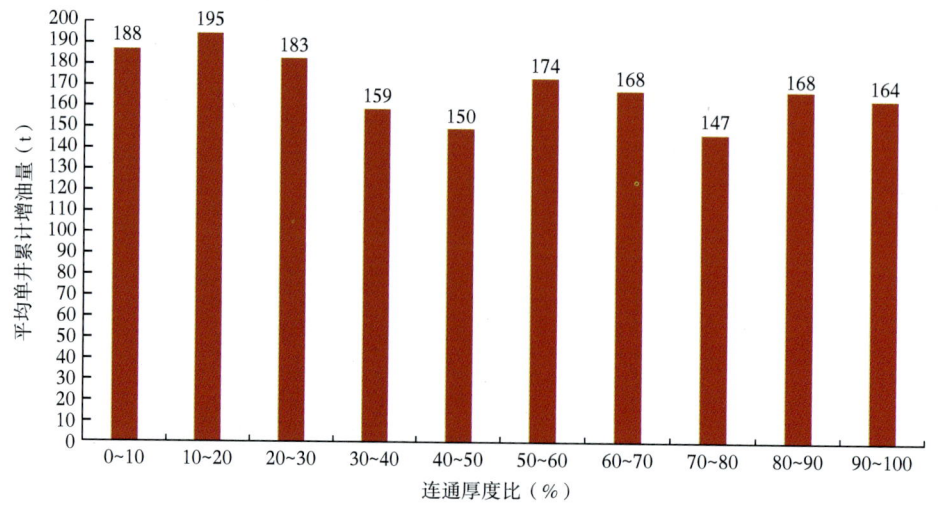

图 5 不同连通厚度比采油井 CO_2 复合吞吐工艺措施效果对比图

2.2 制定多轮 CO_2 复合吞吐工艺制度

2.2.1 两轮 CO_2 复合吞吐工艺效果

2.2.1.1 注气量相同

统计注气量相同的两轮 CO_2 复合吞吐工艺井效果如表2所示。CO_2 注入量不变,第二轮吞吐累计增油量总体呈下降趋势。两次吞吐时间间隔越短,第二轮吞吐效果越好。

表2 两轮注气量相同 CO_2 复合吞吐工艺情况统计表

井号	首轮累计增油量(t)	第二轮累计增油量(t)	两轮累计增油量比	两轮时间间隔(d)
C01	200	145	0.73	381
C02	199	152	0.76	297
C03	139	86	0.62	388

注:首轮和第二轮注气量均为160t。

2.2.1.2 注气量不同

统计注气量不同的两轮 CO_2 复合吞吐工艺井效果如表3所示。两轮注气量比为 1.38~1.44 时,两轮累计增油量比较高。因此,为获得较好的增油效果,建议第二轮注气量为首轮注气量的 1.38~1.44 倍。

表3 两轮注气量不同 CO_2 复合吞吐工艺情况统计表

井号	首轮注气量(t)	第二轮注气量(t)	两轮注气量比	首轮累计增油量(t)	第二轮累计增油量(t)	两轮累计增油量比	两轮时间间隔(d)
C04	160	220	1.38	227.5	186.4	0.82	411
C05	120	160	1.33	664.8	381.0	0.57	430
C06	160	240	1.50	145.4	98.4	0.68	577
C07	160	230	1.44	122.4	103.1	0.84	573
C08	160	220	1.38	192.5	172.5	0.90	576
C09	160	220	1.38	193.2	144.81	0.75	615
C10	128	160	1.25	252.0	129.6	0.51	1064
C11	105	160	1.52	191.4	131.2	0.69	1069

2.2.2 多轮 CO_2 复合吞吐工艺效果

统计三轮及四轮 CO_2 复合吞吐工艺井的效果如表4所示。在吞吐时间间隔及 CO_2 注入量相同情况下,第三轮吞吐增油量较第二轮呈下降趋势。多轮吞吐井的措施效果表明,注气量相同情况下吞吐效果总体呈下降趋势。

表4 多轮 CO_2 复合吞吐工艺情况统计表

项目	井号	轮次	吞吐时间间隔(d)			注气量(t)				累计增油量(t)			
			第二轮	第三轮	第四轮	首轮	第二轮	第三轮	第四轮	首轮	第二轮	第三轮	第四轮
注气量相同	C12	3	210	471		120	160	160		120	141	83	
	C13		210	463		120	160	160		140	112	86	
第二轮后注气量相同	C14	4	527	337	344	150	160	160	160	345	112	211	150
	C15		385	300	414	300	160	160	160	105	168	137	78

2.2.3 多轮 CO_2 复合吞吐工艺制度

结合历年措施分析，制定多轮 CO_2 复合吞吐制度如下：

(1) 多轮吞吐周期：上轮 CO_2 复合吞吐失效后即可进行下轮吞吐。

(2) 多轮吞吐注气量：多轮吞吐注气量为上轮吞吐注气量的 1.38~1.44 倍，累计增油量与上轮差距较小。

(3) 多轮吞吐次数上限：考虑多轮吞吐的措施效益及对套管的腐蚀影响，在无其他措施影响的情况下多轮吞吐次数上限暂定为 4 次。

3 结 论

(1) 通过优化改进 CO_2 复合吞吐工艺，形成了"四段塞"工艺、防冷伤害措施、焖井及放喷制度。现场应用 CO_2 复合吞吐工艺 273 井次，措施有效率为 90.1%，措施效果好。

(2) CO_2 复合吞吐工艺对注水受效差的井挖潜效果较好，可有效防止卡泵，增加药剂扩散范围并减少碳酸腐蚀井下管柱，应用后措施有效率及增油效果得到有效提升。

(3) 对于多轮 CO_2 复合吞吐井，上轮吞吐失效后即可进行下一轮吞吐，注气量为上轮吞吐注气量的 1.38~1.44 倍，可缩小两轮效果递减差距。

(4) 下一步计划借鉴现有直井 CO_2 复合吞吐工艺，开展朝阳沟油田低效水平井 CO_2 补能试验，以扩宽 CO_2 复合吞吐工艺的适用范围。

参考文献

[1] 李爱芬，陈明强，宋浩鹏，等. 焖井时间对 CO_2 吞吐开发低渗油藏影响机理研究 [J]. 科学技术与工程，2016，16 (7)：173-176.

[2] 刘合，曹刚. 新时期采油采气工程科技创新发展的挑战与机遇 [J]. 石油钻采工艺，2022，44 (5)：529-539.

[3] 张怿赫，盛家平，李情霞，等. CO_2 吞吐技术应用进展 [J]. 特种油气藏，2021，28 (6)：1-10.

[4] 李胜利，王海静. 不动管柱 CO_2 吞吐技术研究及应用 [G] //大庆油田有限责任公司采油工程研究院. 采油工程文集 2018 年第 4 辑. 北京：石油工业出版社，2018：16-20.

[5] 何厚锋，胡旭辉，庄永涛，等. 低渗透油藏 CO_2 驱注采参数优化研究与应用：以胜利油田 A 区块为例 [J]. 油气地质与采收率，2023，30 (2)：112-121.

[6] 熊建华，龙小泳，朱璐，等. 深层低渗透砂砾岩油藏注 CO_2 吞吐提高采收率实验研究 [J]. 科学技术与工程，2023，23 (4)：1518-1525.

[7] 李胜利，王海静，谢成靓. 二氧化碳吞吐防杆卡剂研究与应用 [G] //大庆油田有限责任公司采油工程研究院. 采油工程文集 2016 年第 4 辑. 北京：石油工业出版社，2016：33-37.

[8] 刘浩，刘嘉豪. 基于特低渗油藏注 CO_2 吞吐参数敏感性分析 [J]. 精细石油化工进展，2023，24 (1)：24-28，33.

（编辑：张德兰）

稠油井纳米复合表面活性剂与热气能技术应用

赵思聪

（大庆油田有限责任公司第十采油厂）

摘 要：针对朝阳沟油田低孔低渗、原油黏度高、含蜡胶质堵塞严重等问题，开展了纳米复合表面活性剂与热气能技术应用。根据该技术驱油机理和降黏机理，对纳米复合表面活性剂的界面特性及驱油性能进行评价后，建立了纳米复合表面活性剂与热气能协同注入工艺体系，优化关键参数，设计高温混合气用量，并开展现场试验。结果表明：纳米复合表面活性剂能有效降低油水界面张力，并利用高温混合气溶解CO_2，实现原油体积膨胀及热降黏，解除了有机—无机复合堵塞。现场试验5口井，累计增油量为2041t，采收率从51.3%提升至68.8%，提升17.5个百分点。该技术通过楔形渗透剥离油膜与高温气体增能，显著改善低渗透油藏开发效果，为解决同类井问题提供新方案。

关键词：低渗透油藏；纳米复合表面活性剂；热气能技术；双段塞注入；采收率

朝阳沟油田储层孔隙度为10%~20%，渗透率为2.5~25mD，平均原油黏度为33.3mPa·s，孔隙喉道直径小于10μm，具有典型的低孔低渗特征，开采过程中的胶质—沥青质复合物产生有机堵塞，与碳酸盐垢等无机物形成复合堵塞，导致剩余油难以有效动用。常规酸化解堵技术虽可清除无机堵塞，但对有机堵塞清除效率不足30%，且易引发油管结蜡及抽油杆蜡堵[1]。

相关研究表明[2-3]，纳米复合表面活性剂水溶液的注入能够有效改善流体在多孔介质中的流动性，特别是在低渗透和稠油油藏的开发中显示出较好的潜力。但现有实验条件和油藏特性存在差异，使研究存在一定局限性。因此，开展了纳米复合表面活性剂与热气能技术的研究，并在现场应用中进一步优化调整。

1 技术原理

1.1 驱油机理

纳米复合表面活性剂呈松散多孔团簇结构，耐高温、耐盐性，能够吸附于油水界面形成双分子层结构，产生楔形渗透效应，降低界面张力。热气能是采用350℃的高温混合气增能，溶解CO_2后使原油体积膨胀，并与纳米复合表面活性剂协同剥离孔隙内束缚油，驱动原油向水流通道迁移，扩大波及体积[4-5]。

1.2 降黏机理

热气能交换使储层温度提升，原油黏度降低；纳米复合表面活性剂楔入胶质—沥青质复合物间，拆散聚集体结构，改善原油流动性[6-8]，共同实现降黏解堵的效果。

2 性能评价

2.1 界面特性

将纳米复合表面活性剂滴入油水混合液体中，其中油水混合液体的组成为原油与去离子水以1:1的体积比混合，模拟典型油藏中的油水界面环境。实验采用德国Dataphysic表面张力仪，在温度为

作者简介：赵思聪，1987年生，女，工程师，现主要从事机采管理工作。
邮箱：zhaosicong@petrochina.com.cn。

30℃、转速为5000r/min的条件下进行测试，结果表明，纳米复合表面活性剂可使油水界面张力从初始的0.78171mN/m降至0.04262mN/m，降幅为94.5%，动态吸附速率达0.037mN/(m·min)，具有较强的界面活性，能够自发寻找油水界面并大幅度降低界面张力。

2.2 分散稳定性

将10mg的纳米复合表面活性剂加入100mL去离子水中，随后按纳米复合表面活性剂质量的2%加入适量聚合物分散剂，并采用功率为200W超声波处理30min，以1000r/min高速搅拌，之后常温静置30d。结果表明，纳米复合表面活性剂能够均匀且稳定地分散在水相中，动态分散率达到100%，且在常温下30d内未观察到明显沉降现象，满足油田注入工艺需求。

2.3 驱油性能分析

为验证纳米复合表面活性剂在油水界面上的作用及其驱油性能，采用2500mD的聚合物材质透明微观岩心模型，将油水两相混合液注入微通道中，对比初始状态、水驱及纳米复合表面活性剂驱三种条件下的驱油效果（图1）。结果表明，纳米复合表面活性剂的驱油效果显著优于传统水驱。

a. 初始状态

b. 水驱后

c. 纳米复合表面活性剂驱后

图1 三种微观可视化模型实验驱油性能对比图

3 施工工艺优化

针对朝阳沟油田低孔低渗、有机—无机复合堵塞特征，建立纳米复合表面活性剂与热气能双段塞协同注入工艺体系，并通过数值模拟与现场试验相结合，系统优化注入参数，形成施工规范。

3.1 纳米复合表面活性剂与热气能协同注入工艺

双段塞注入模式分三个阶段实施。第一阶段，注入质量分数为0.01%的纳米复合表面活性剂溶液进行地层预处理，利用其超低界面张力特性剥离近井地带油膜；第二阶段，将柴油与减氧空气在350℃、10MPa条件下发生燃烧室内反应生成高温混合气（65%N_2、18%CO_2、17%蒸汽），通过高速泵注入地层实现高温混合气协同增能；第三阶段，进行焖井控压，当压降梯度不大于0.05MPa/h时启抽。该工艺通过表面活性剂的润湿反转效应与高温气体的体积膨胀作用，形成"化学解堵—热动力驱动"协同开发机制，以解除有机—无机复合堵塞。

3.2 关键参数优化

基于朝阳沟油田C94等5口典型井储层特征，建立多因素优化模型。根据不同孔隙度（10%、20%）及渗透率（5mD、10mD、15mD），绘制渗透率处理半径与预计增油量变化曲线图（图2）。由图可以看出，当处理半径达到12m时增油量增速趋缓，处理半径超过16m后增幅不足2%，因此最佳处理半径在12~16m之间。

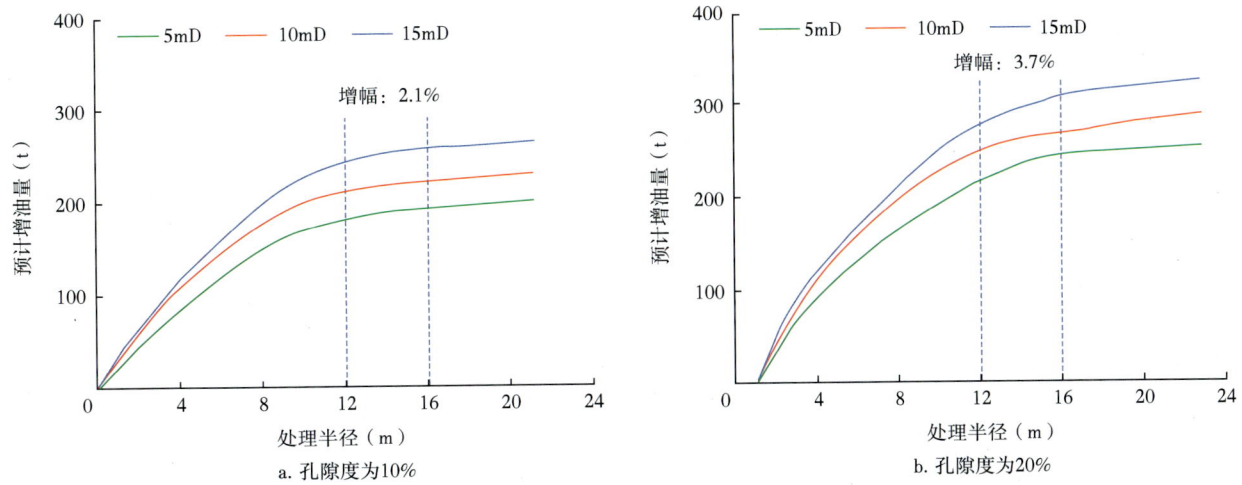

图 2　不同孔隙度下各渗透率预计增油量随处理半径变化曲线图

3.3 高温混合气用量优化设计

合理设计高温混合气用量在油气田开发和生产中具有重要意义，尤其是在处理高温油藏或深层油气藏时，高温混合气的有效使用可以提高油气采收率、优化生产过程并降低成本。首先通过克拉伯龙方程计算气体压缩比：

$$\frac{p_1 V_1}{T_1} = \frac{p_2 V_2}{T_2} \quad (1)$$

$$X = \frac{V_1}{V_2} \quad (2)$$

式中　p_1——地面压力，MPa；
　　　V_1——地面气体体积，m^3；
　　　T_1——注入温度，K；
　　　p_2——地层压力，MPa；
　　　V_2——地下气体体积，m^3；
　　　T_2——地层温度，K；
　　　X——气体压缩比。

其次，分别计算地下气体总量和地面注入总量：

$$Q_1 = \pi R^2 H \phi \quad (3)$$

$$Q_2 = X Q_1 \quad (4)$$

式中　Q_1——地下气体总量，m^3；
　　　R——处理半径，m；
　　　H——射开厚度，m；
　　　ϕ——孔隙度；
　　　Q_2——地面注入总量，m^3。

根据单井施工设计参数（表1），当地面压力为10MPa，注入温度为623K时，选取13.2m的处理半径、16.6%的孔隙度，计算出单井注入量为79681m^3。与现场设计的注入量相比，平均符合率达96.2%，有效证明了施工设计的合理性，并为优化施工方案提供数据支持。

表 1　单井施工设计参数表

井号	射开厚度（m）	处理半径（m）	孔隙度（%）	计算注入量（m^3）	实际注入量（m^3）	符合率（%）
1	16.2	13	16	78432	80100	97.9
2	11.4	13	17	69972	71100	98.4
3	9.2	15	18	85410	92700	92.1
4	12.4	13	17	80568	83700	96.3
5	17.2	12	15	84024	86400	97.3
平均	13.3	13.2	16.6	79681	82800	96.2

4 现场试验

2022年1月,在朝阳沟油田对C94等5口典型井开展纳米复合表面活性剂与热气能双段塞协同注入工艺试验,通过注入高温混合气体改善原油流动性和储层连通性。试验时,单井平均注入气量为82800m³,施工周期为5.4d,焖井10.2d,峰值压力为14MPa,开采前套压为1.66MPa,含水率恢复周期为5d。截至2024年底,累计增油量2041t,采收率从51.3%提升至68.8%,提升17.5个百分点,地层渗透率恢复至85%,注入压力较常规酸化降低32%。

4.1 试验前后原油物性检验

原油物性检验采用宏观测试与微观表征联合作业。通过旋转流变仪测定黏度变化,离心法分离蜡/胶组分,结合扫描电子显微镜(SEM)观测胶质—沥青质结构演变,系统量化纳米复合表面活性剂对原油流动性的改善效果。试验表明,纳米复合表面活性剂与热气能技术可显著改善原油物性(表2)。原油黏度平均值从36.37mPa·s下降至33.16mPa·s;含蜡量从24.1%下降至23.1%;胶质含量从15.5%下降至13.8%。通过SEM观测得出,胶质—沥青质聚集体尺寸从5.2μm缩减至1.8μm,孔隙喉道堵塞率降低63%,有效解除有机—无机复合堵塞。

表2 措施后原油物性数据表

井号	黏度(mPa·s)		含蜡量(%)		含胶质量(%)	
	措施前	措施后	措施前	措施后	措施前	措施后
1	30.23	29.22	21.8	21.7	13.5	12.7
2	49.25	39.17	29.7	27.2	17.7	14.2
3	27.33	26.73	20.1	20.8	13.4	12.3
4	31.83	29.88	23.2	21.4	16.8	15.2
5	43.21	40.81	25.8	24.3	15.9	14.7
平均	36.37	33.16	24.1	23.1	15.5	13.8

4.2 增产效果评价

由纳米复合表面活性剂与热气能技术应用数据(表3)可知,对比措施前后5口试验井,日产液量增加6.1t/d,日增油量增加3.7t/d,含水率下降4.5个百分点,合计增油2041t。

表3 纳米复合表面活性剂与热气能技术应用数据表

井号	有效厚度(m)	连通厚度(m)	试验前			试验后初期			试验后两年			差值		累计增油量(t)
			日产液量(t)	日产油量(t)	含水率(%)	日产液量(t)	日产油量(t)	含水率(%)	日产液量(t)	日产油量(t)	含水率(%)	日产液量(t)	日产油量(t)	
1	12.8	9.2	1.2	0.5	60.8	5.0	1.0	80.0	2.1	0.9	56.0	0.9	0.4	35
2	9.6	8.8	1.9	1.4	24.0	2.8	2.5	10.0	2.9	2.4	18.4	1.0	1.0	708

续表

井号	有效厚度(m)	连通厚度(m)	试验前			试验后初期			试验后两年			差值		累计增油量(t)
			日产液量(t)	日产油量(t)	含水率(%)	日产液量(t)	日产油量(t)	含水率(%)	日产液量(t)	日产油量(t)	含水率(%)	日产液量(t)	日产油量(t)	
3	9.8	7.0	1.8	0.7	61.1	5.1	2.3	54.7	2.4	1.0	57.9	0.6	0.3	156
4	10.8	4.6	2.5	1.1	54.0	5.1	2.4	52.4	4.9	2.5	49.2	2.4	1.4	759
5	15.8	6.6	1.4	0.7	54.0	5.0	2.0	60.2	2.6	1.3	48.6	1.2	0.6	383
合计			8.8	4.4		23.0	10.2		14.9	8.1		6.1	3.7	2041
平均	11.8	7.2	1.8	0.9	50.8	4.6	2	51.5	3.0	1.6	46.0	1.2	0.7	408

5 结 论

（1）应用纳米复合表面活性剂与热气能技术后，纳米复合表面活性剂界面张力降低幅度和采收率增幅均较好，纳米团簇结构楔形渗透效应与高温混合气增能的跨尺度协同，为低渗透稠油开发提供新型复合驱替模式。

（2）纳米复合表面活性剂与热气能技术有效提升低渗透储层原油流动性，降低含蜡量及胶质—沥青质含量，现场试验后累计增油量为2041t，实践中投入产出比为1:3.2。

（3）当前研究未评估长期地层伤害风险，建议后续开展注入液与地层矿物反应性分析，并优化高温气体生成成本以推动规模化应用。

参考文献

［1］宋斗贵. 常规稠油出砂油藏活性水驱研究试验［J］. 内蒙古石油化工, 2010, 36（3）: 131-132.

［2］任坤峰, 舒福昌, 林科雄, 等. 适合稠油油藏注水井的表面改性降压增注技术［J］. 科学技术与工程, 2016, 16（28）: 70-74.

［3］Zhong X, Song J, Yang Y, et al. Molecular insight into the enhanced oil recovery potential of a seawater-based zwitterionic/anionic surfactant compound for heavy oil reservoirs［J］. Journal of Molecular Liquids, 2024, 408: 125315.

［4］Suo Y, Guan W, Dong M, et al. Study on the heat extraction patterns of fractured hot dry rock reservoirs［J］. Applied Thermal Engineering, 2025, 262: 125286.

［5］Arabloo M, GhazanfariH M, Rashtchian D. Microfluidic study of surfactant flooding ofheavy oil in layered porous media containing fractures［J］. The Canadian Journal of Chemical Engineering, 2024, 102（5）: 1970-1991.

［6］Himani N, Sundram S, Raj K S. Synthesis of a non-polymeric surfactant from naturally occurring vegetable acid and its use as a viscosity modifier and asphaltene dispersant for heavy oil［J］. Journal of Molecular Liquids, 2023, 386: 122560.

［7］Zhao Y, Zhao L, Chen H, et al. Synergistic collaborations between surfactant and polymer for in-situ emulsification and mobility control to enhance heavy oil recovery［J］. Journal of Molecular Liquids, 2024, 406: 125113.

［8］Suo Y, Zhao Y J, Fu X F, et al. Study on fracture propagation behavior of deep high-temperature shale gas based on the modified MERR criterion［J］. Theoretical and Applied Fracture Mechanics, 2024, 131: 104352.

（编辑：牛爽爽）

低渗透油田纳米乳液吞吐增产技术研究

李先超

(大庆油田有限责任公司第十采油厂)

摘 要：朝阳沟油田部分采油井因地层能量不足导致大量剩余油无法采出，为有效补充地层能量，挖潜剩余油，开展了纳米乳液吞吐增产技术研究。通过纳米乳液吞吐增产作用机理分析，对纳米乳液进行筛选、质量分数优化及综合性能评价，建立注药、顶替、焖井三段式施工工艺，确定注入参数，并优化焖井时间。采用 GPCQ-25 纳米乳液进行现场试验 90 口井，工艺成功率为 100%，措施有效率为 88.9%，措施后 30d 的平均单井日增油量为 1.3t，8 个月内平均单井累计增油量为 134.4t。研究结果表明，纳米乳液吞吐增产技术能够有效挖潜剩余油，为低渗透油田剩余油挖潜提供了技术参考。

关键词：纳米乳液；低渗透油田；剩余油挖潜；自发渗吸；润湿反转

朝阳沟油田位于大庆油田东南部，属于低渗透油田，具有岩石孔隙度低、渗透性差等特点[1]。因连通性差、注采关系不完善、注水井欠注比例高等原因，采油井地层能量不足，地层压力不断下降，使产油量大幅降低，甚至停产，导致储层中存在大量的剩余油[2]。

目前在用的补能挖潜治理措施存在效果递减快、有效期短的问题，补能挖潜手段亟须丰富完善。为此，需探索研究纳米乳液吞吐增产技术。纳米乳液是一种由纳米颗粒代替表面活性剂而制成的稳定乳状液。与常规磺酸盐表面活性剂相比，具有小尺寸、高比表面效应等特点。利用纳米乳液的自发渗吸、液态补能、减弱缔合、润湿反转等作用，可增大波及体积，提高驱油效率，补充地层能量，从而有效置换挖潜剩余油。

1 纳米乳液吞吐增产作用机理分析

1.1 自发渗吸作用

将较均质的砾岩干样分为两份，分别将其在清水和纳米乳液中加压浸泡一段时间后，进行核磁共振 T_2 谱和成像测试。计算清水与纳米乳液浸泡砾岩后占据砾岩孔隙空间，流体占据砾岩的孔隙空间为砾岩流体测孔隙度与砾岩气测孔隙度之比。加压浸泡 2h 后，清水与纳米乳液分别占据砾岩孔隙空间 40.0%、75.0%；加压浸泡 24h 后，清水与纳米乳液分别占据砾岩孔隙空间 78.0%、90.0%。说明纳米乳液的波及能力更强，能大幅提高波及体积。纳米乳液平均分子直径不大于 35nm，可利用毛细管压力自动进入地层内部孔隙空间，驱替置换剩余油。

1.2 液态补能作用

采用大量注入纳米乳液方式施工，直接补充地层能量，可有效提高地层供液能力。与气体补能措施相比，纳米乳液逸散速度慢，能量在地层储存时间长，措施有效期长。

1.3 减弱缔合作用

一个水分子直径为 0.4nm。当水处于液态时，水分子之间距离较小，能够形成氢键，从而在水分子之间出现缔合现象。缔合后的水分子尺寸达

作者简介：李先超，1997 年生，男，助理工程师，现主要从事采油井措施增产方面工作。
邮箱：1466404740@qq.com。

到几百到几千纳米,波及能力减弱。而纳米乳液分子能减弱水分子间的氢键缔合作用,产生"小分子"活性水,把剩余油置换驱替出来,大幅提高采收率。

1.4 润湿反转作用

纳米乳液分子尺寸小,易进入孔喉,可减小孔隙润湿角,实现润湿反转,解除水锁效应,间接提高岩心渗透率,增加导流能力。

纳米乳液可以降低油水界面张力,改善岩石表面润湿性。根据黏附功计算公式,纳米乳液可有效降低界面黏附功,将原油从岩石表面剥离[3-4]。黏附功计算公式如下:

$$W = \sigma(1+\cos\theta) \quad (1)$$

式中 W——黏附功,J/m^2;
　　σ——界面张力,mN/m;
　　θ——润湿角,(°)。

纳米乳液也可以从微观上增加水驱油的毛细管束,降低水驱油的阻力,使纳米乳液向地层深处运移,大幅降低基质中剩余油流动所需的驱动压差,有利于地层剩余油采出。采收率计算公式如下:

$$R_e = E_d E_v \quad (2)$$

式中 R_e——岩心采收率,%;
　　E_d——岩心的微观驱油效率,%;
　　E_v——岩心的微观和宏观波及效率,%。

当低渗透油田注入纳米乳液后,纳米乳液通过自发渗吸、减弱缔合的双重作用扩大了波及体积;纳米乳液进入地层孔隙后,使地层中残留在岩石孔隙中的原油的表面张力急剧降低,润湿角减小,降低了原油在地层孔隙表面的黏附功,使原油可以从岩石孔隙的窄颈中流出并聚结成油带被采出,提高了驱油效率。因此,纳米乳液吞吐技术可以整体提高采收率。

2 纳米乳液优选

纳米乳液性能的优劣决定了纳米乳液吞吐增产技术成功与否,因此,需优选出性能优异的纳米乳液。

2.1 纳米乳液筛选

先测定不同种类纳米乳液表/界面张力,再对具有较低表/界面张力的纳米乳液开展润湿性、粒径、自发渗吸等实验,以筛选出驱油效果最佳的纳米乳液。

2.1.1 表/界面张力测定

配制4种相同质量分数的纳米乳液,参照石油天然气行业标准 SY/T 5370—2018《表面及界面张力测定方法》,测定纳米乳液的表面张力及其与原油间的界面张力,相同质量分数的不同纳米乳液在25℃的表面张力和60℃的油水界面张力如表1所示。GPCQ-25的表面张力和界面张力最小。

表1 表/界面张力测定结果表

纳米乳液	表面张力(mN/m)	界面张力(mN/m)
GPCQ-12	25.21	0.0069
GPCQ-16	25.48	0.0093
GPCQ-19	26.15	0.0122
GPCQ-25	24.13	0.0019

2.1.2 润湿角测定

用甲基硅油涂抹浸泡载玻片,烘干后使载玻片表面形成油膜,将载玻片原始的亲水性变为亲油性。再用专用微量注射器在载波片上注入一滴纳米乳液,使纳米乳液与载波片作用30~60s并保持稳定后,采用润湿角测量仪测定纳米乳液在载玻片表面的润湿角,结果如表2所示。GPCQ-25的润湿反转较明显,润湿效果更佳。

表2 润湿角测定结果表

纳米乳液	载玻片润湿角(°)	
	亲油处理	纳米乳液浸泡
GPCQ-12	16.74	94.37
GPCQ-25	16.79	110.10

2.1.3 渗吸驱油实验

将岩心抽真空加压饱和地层原油,然后在90℃恒温箱中老化24h以上。将饱和后的岩心缠绕铜丝后置于烧杯液体中部进行静态渗吸实验（渗吸温度为90℃）。自岩心浸入液体开始用秒表计时，记录自吸时间与岩心的质量。直至不再有油析出，岩心质量恒定时结束实验。分别用质量差法[5]和孔隙度法[6]计算渗吸采收率，如表3所示。结果表明GPCQ-25的渗吸采收率更大，渗吸驱油效果更好。

表3 渗吸驱油实验结果表

岩心编号	长度(cm)	直径(cm)	孔隙度(%)	渗透率(mD)	渗吸采收率(%) 质量差法	渗吸采收率(%) 孔隙度法	渗吸液
1	5.072	2.472	7.68	12.525	20.86	19.97	配液用水
2	5.118	2.476	9.47	21.351	44.38	43.82	GPCQ-12
3	5.267	2.468	10.43	24.361	56.36	54.83	GPCQ-25

经表/界面张力、润湿角测定及渗吸驱油实验，筛选出性能较好的GPCQ-25纳米乳液。

2.2 GPCQ-25纳米乳液质量分数优化

分析GPCQ-25纳米乳液分子粒径、表/界面张力与质量分数的关系，并进行不同质量分数的GPCQ-25纳米乳液渗吸驱油实验，对比驱油效果。

2.2.1 分子粒径与质量分数关系

利用粒度分析仪对不同质量分数的GPCQ-25纳米乳液的粒径进行测定，结果如图1所示。当GPCQ-25质量分数小于0.2%时，随着质量分数升高，分子粒径急剧减小；当GPCQ-25质量分数大于0.2%时，随着质量分数升高，分子粒径减小减缓，趋于不变。

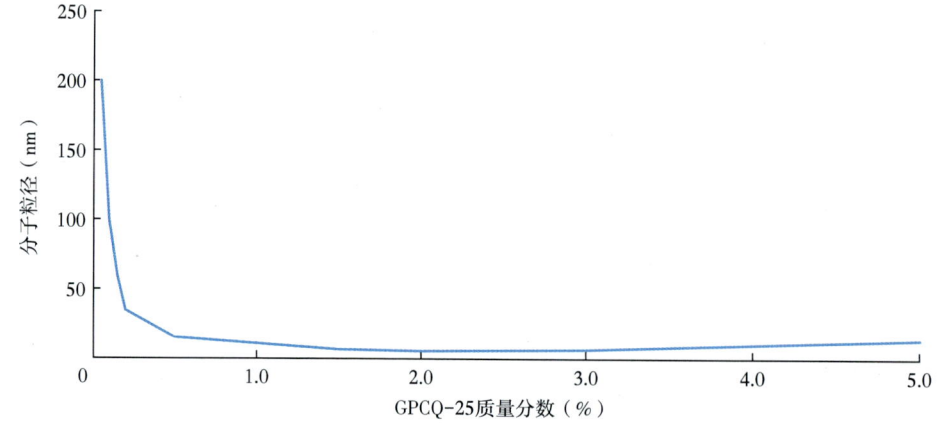

图1 分子粒径随GPCQ-25质量分数的变化曲线图

2.2.2 表/界面张力与质量分数关系

油水界面张力是影响自发渗吸的关键参数，也是决定渗吸主导模式的主控因素[7]，降低油水界面张力，能大幅降低驱动压差，显著提高驱油效率。测定不同质量分数GPCQ-25纳米乳液的表/界面张力如表4所示，当质量分数大于0.5%，表/界面张力相对较低。

2.2.3 不同质量分数纳米乳液渗吸驱油实验

取3组6个岩心进行渗吸驱油实验，记录不同时间出油量，等待实验平衡后最终计算出各组实验的采收率。不同质量分数GPCQ-25纳米乳液采收率随时间变化曲线如图2所示。

表4 GPCQ-25纳米乳液表/界面张力测定结果表

序号	GPCQ-25质量分数(%)	表面张力(mN/m)	界面张力(mN/m)
1	0.1	26.7	0.00627
2	0.2	24.2	0.00142
3	0.3	24.6	0.00167
4	0.5	23.9	0.00082
5	1.0	23.5	0.00067

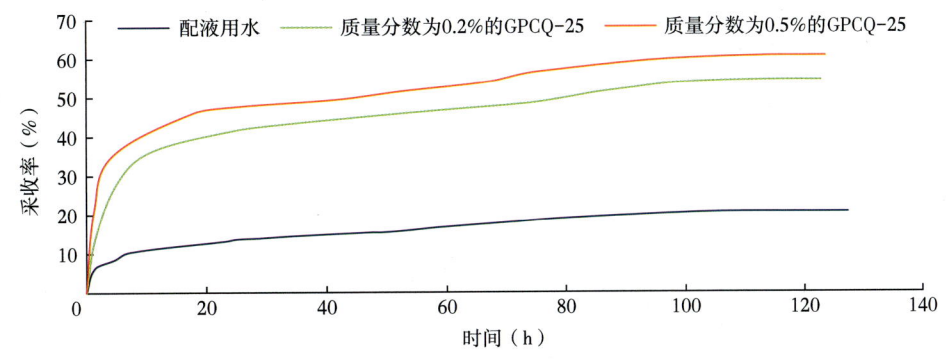

图 2 不同质量分数 GPCQ-25 纳米乳液采收率随时间变化曲线图

由图 2 可以看出，加入 GPCQ-25 纳米乳液的采收率明显高于未加 GPCQ-25 纳米乳液的采收率；质量分数为 0.2% 的 GPCQ-25 纳米乳液可提高采收率 30% 以上；随着 GPCQ-25 质量分数的增加，纳米乳液采收率提高，但采收率提高程度减小，质量分数 0.5% 的 GPCQ-25 纳米乳液仅比质量分数 0.2% 的 GPCQ-25 纳米乳液采收率高 5.75%。

通过测定不同质量分数 GPCQ-25 纳米乳液的分子粒径、表面张力及渗吸采收率，最终确定 GPCQ-25 纳米乳液最佳质量分数为 0.2%。

2.3 纳米乳液综合性能评价

对所选用的质量分数 0.2% 的 GPCQ-25 纳米乳液的乳化性能、耐温性能、耐盐性能分别进行评价分析。

2.3.1 乳化性能

将质量分数 0.2% 的 GPCQ-25 纳米乳液与原油按体积比 1:1 混合，加入 50mL 具塞比色管中，上、下、左、右各震荡 20 次，记录初始状态和静置 5min 后的乳化层体积，并计算 GPCQ-25 的乳化率。用同样的方法计算 α-烯基磺酸盐（AOS）、直链烷基苯磺酸钠盐（LAS）、磺酸盐（KPS）的乳化率，结果如表 5 所示。

表 5 不同药剂乳化率计算结果表

名称	乳化层体积（mL）		乳化率（%）
	初始状态	静置 5min	
GPCQ-25	50	49	98
AOS	50	42	84
LAS	50	39	78
KPS	50	43	86

质量分数为 0.2% 的 GPCQ-25 纳米乳液与原油的乳化率优于常规表面活性剂与原油的乳化率。GPCQ-25 纳米乳液的乳化能力强，表明 GPCQ-25 纳米乳液更容易使油水界面分散变形，乳状液液滴更稳定，油滴更易被流体带走，可避免乳化原油破乳而造成原油重新滞留在孔隙中。

2.3.2 耐温性能

将质量分数为 0.2% 的 GPCQ-25 纳米乳液在 25~180℃ 下老化 24 h 后，测定老化后的油水界面张力，结果如表 6 所示。

表 6 不同温度下 GPCQ-25 纳米乳液界面张力测定结果表

温度（℃）	25	50	90	120	150	180
界面张力（mN/m）	0.0018	0.0019	0.0024	0.0029	0.0034	0.0039

温度为 25~180℃ 时，GPCQ-25 纳米乳液的油水界面张力随温度的升高变化较小，表明 GPCQ-25 纳米乳液具有较好的耐温性能。朝阳沟油田平均地层温度在 50~60℃ 之间，质量分数为 0.2% 的 GPCQ-25 纳米乳液能保持较小的界面张力。

2.3.3 耐盐性能

采用不同矿化度的盐水配制质量分数为 0.2% 的 GPCQ-25 纳米乳液，分析矿化度对 GPCQ-25 纳米乳液油水界面张力的影响，测定结果如表 7 所示。

当配液盐水矿化度在 2000~200000g/L 之间时，质量分数为 0.2% 的 GPCQ-25 纳米乳液的油水界面张力均较小，表明 GPCQ-25 纳米乳液的抗盐性能较好。朝阳沟油田平均地层矿化度在 2000~10000mg/L 之间，质量分数为 0.2% 的 GPCQ-25

纳米乳液界面张力较小。

表7 不同矿化度下GPCQ-25纳米乳液界面张力测定结果表

矿化度(mg/L)	2000	5000	10000	50000	100000	200000
界面张力(mN/m)	0.0018	0.0019	0.0022	0.0024	0.0025	0.0027

综上所述，质量分数为0.2%的GPCQ-25纳米乳液具有较好的乳化性能、耐温性能及耐盐性能，适用于朝阳沟油田剩余油挖潜。

3 GPCQ-25纳米乳液吞吐施工工艺

3.1 分段式施工工艺

根据纳米乳液吞吐增产技术特点结合施工情况，设计注药、顶替、焖井三阶段施工工艺。第一阶段注入足量的纳米乳液，第二阶段注入足量顶替液，第三阶段焖井。施工后直接补充了地层能量，并利用纳米乳液自发渗吸、减弱缔合、润湿反转等作用，扩大波及体积，乳化置换原油，保障了纳米乳液的补能、扩散、渗吸效果。

3.2 变质量分数注入工艺

亏空程度的公式为：

$$V = \alpha \phi \pi r^2 h \quad (3)$$

式中 V——纳米乳液用量，m^3；
α——经验系数；
ϕ——孔隙度；
r——处理半径，m；
h——储层有效厚度，m。

根据上式可优化单井GPCQ-25纳米乳液用量。考虑GPCQ-25纳米乳液在地层中的吸附作用和损失，设计变质量分数注入工艺，即注入高、中、低质量分数段塞的工艺。以Z69-83井为例，设计GPCQ-25纳米乳液吞吐注入参数如表8所示。GPCQ-25纳米乳液注入液量为1500m^3，高、中、低质量分数分别为1.0%、0.6%、0.4%，可使GPCQ-25纳米乳液在地层中均衡分布并保持GPCQ-25纳米乳液较好的性能。

表8 GPCQ-25纳米乳液吞吐注入参数表

段塞分类	注入液量(m^3)	质量分数(%)	排量(m^3/min)
高质量分数段塞	400	1.0	0.3~1.0
中质量分数段塞	950	0.6	0.3~1.0
低质量分数段塞	150	0.4	0.3~0.5

3.3 优化焖井时间

Z69-83井GPCQ-25纳米乳液吞吐施工完工后每日监测并记录关井压力，绘制GPCQ-25纳米乳液吞吐焖井曲线如图3所示。当关井压力不大于1.5MPa或日压降不大于0.1MPa时，表明药剂完成扩散，结束焖井，焖井时间为11d。根据GPCQ-25纳米乳液吞吐先导试验5口井试验数据，确定朝阳沟油田GPCQ-25纳米乳液吞吐焖井时间为8~16d。

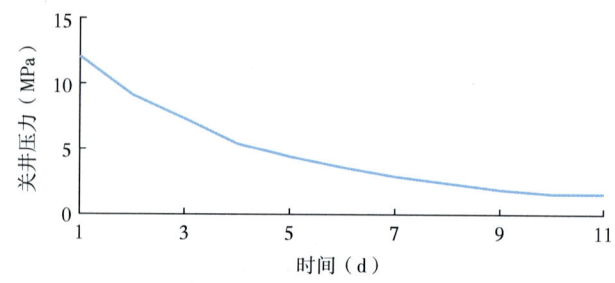

图3 GPCQ-25纳米乳液吞吐焖井曲线图

4 现场应用

为治理能量不足采油井，2022—2024年，在朝阳沟油田开展了纳米乳液GPCQ-25吞吐增产技术现场应用 90 口井，工艺成功率为 100%，措施有效率为 88.9%，措施效果如表 9 所示。启抽后 30d 的平均单井日增油量为 1.3t，8 个月内平均单井累计增油量为 134.4t，挖潜效果良好。

表 9 措施效果统计表

年份	井数（口）	措施前			措施后			差值		8个月平均单井累计增油量（t）
		平均单井日产液量（t）	平均单井日产油量（t）	平均单井含水率%	平均单井日产液量（t）	平均单井日产油量（t）	平均单井含水率（%）	平均单井日增液量（t）	平均单井日增油量（t）	
2022	5	1.3	0.8	38.5	2.9	2.2	24.1	1.6	1.4	226
2023	34	1.3	0.8	38.5	4.6	1.9	58.7	3.3	1.1	111
2024	51	1.1	0.5	54.5	4.2	1.9	54.8	3.1	1.4	141
平均		1.2	0.7	41.7	3.9	2.0	48.7	2.7	1.3	134.4

注："措施后"为启抽后 30d。

5 结 论

（1）分析了纳米乳液的自发渗吸、液态补能、减弱缔合、润湿反转等作用机理，表明纳米乳液的表/界面张力低，润湿反转效果好，能增大波及体积，提高驱油效率，从而能提高低渗透油田采收率。

（2）通过表/界面张力、润湿角、分子粒径的测定和岩心渗吸驱油实验，优选出了质量分数为 0.2% 的 GPCQ-25 纳米乳液，具有良好的乳化性能、耐温性能及耐盐性能，满足朝阳沟油田补能挖潜使用要求。

（3）建立了注药、顶替、焖井分段式施工工艺，确定了注入参数，优化了焖井时间。形成的 GPCQ-25 纳米乳液吞吐工艺能够充分发挥出 GPCQ-25 纳米乳液的作用，有效补充地层能量并挖潜剩余油。

（4）采用 GPCQ-25 纳米乳液在朝阳沟油田开展纳米乳液吞吐工艺应用 90 口井，工艺成功率为 100%，措施有效率为 88.9%，应用效果良好。建议下一步扩大 GPCQ-25 纳米乳液现场应用规模，有效挖潜剩余油。

参考文献

[1] 孙兆海. 改进型二氧化碳与化学剂复合吞吐试验技术研究 [G]// 大庆油田有限责任公司采油工程研究院. 采油工程 2023 年第 2 辑. 北京：石油工业出版社，2023：7-12.

[2] 贺丽鹏，罗健辉，丁彬，等. 特低/超低渗油藏纳米乳液的制备与性能 [J]. 油田化学，2018，35（1）：81-84.

[3] 黄海龙，刘向斌，王庆国，等. 致密油藏储层水平井渗吸增能吞吐技术研究与应用 [G]// 大庆油田有限责任公司采油工程研究院. 采油工程 2019 年第 4 辑. 北京：石油工业出版社，2019：14-17.

[4] 刘鹏，王业飞，张国萍，等. 表面活性剂驱乳化作用对提高采收率的影响 [J]. 油气地质与采收率，2014，21（1）：99-102.

[5] 濮御，王秀宇，濮玲. 静态渗吸对致密油开采效果的影响及其应用 [J]. 石油化工高等学校学报，2016，29（3）：23-27.

[6] 李爱芬，何冰清，雷启鸿，等. 界面张力对低渗亲水储层自发渗吸的影响 [J]. 中国石油大学学报（自然科学版），2018，42（4）：67-74.

[7] 董献宇，祖琳，杨正明，等. 基于核磁共振实验的纳米乳液驱油效果：以大庆外围油田特低渗致密储层为例 [J]. 大庆石油地质与开发，2022，41（4）：107-115.

（编辑：张德兰）

井筒清防垢技术研究与应用

计 红

(大庆油田有限责任公司第十采油厂)

摘 要：为降低采油井因垢检泵率，延长检泵周期，开展了井筒清防垢技术研究与应用。通过对大庆油田X采油厂检泵和结垢情况统计，运用OLI-ScaleChem软件和光谱照射技术对垢样进行室内实验分析，优选化学除垢药剂，改进井下点滴器结构，设计了多孔喷头、多级井下吸附防垢管柱及长柱塞防砂防垢泵，并根据不同结垢特点开展现场应用。结果表明，化学除防垢和机械除防垢形成井下阻垢与地面除垢相结合的治理模式；针对不同开发区的不同结垢井，配套应用结垢治理技术，平均结垢检泵率下降1.7%，取得了较好的除垢效果。井筒清防垢技术研究与应用，有效提升除垢效率，延长杆管免修期，为X采油厂的除垢工作奠定基础。

关键词：点滴器；结垢类型；垢质成分；除垢技术；光谱照射技术

大庆油田X采油厂在生产过程中，采油井频繁发生结垢卡泵现象，泵筒和管柱腐蚀问题严重，导致原油开采效率较低，检泵费用增加。目前传统的清防垢技术主要有三种[1]：一是在井口直接加除垢剂，但因除垢剂主要成分含盐酸，与硫化亚铁结合易生成硫化氢，存在安全隐患[2]；二是在井下安装点滴器，该装置随作业过程附带下入，可实现连续向采出液中加入除垢剂，减轻管理难度及加药工作强度，但长期使用易发生泵漏的可能；三是通过高压水喷射或机械刮擦的物理清洗法去除管道内结垢物，成本相对较低，但频繁使用可能对管道造成损伤。除此之外，近年来还出现了一些新型清防垢技术[3]，例如利用超声波振动产生的空化效应破坏结垢层，或采用激光照射使结垢物瞬间高温分解，新技术具有高效、环保的优点，但设备成本较高，操作要求也更为复杂。因此，根据X采油厂各开发区结垢情况，结合传统清防垢技术，引进光谱照射技术，开展了井筒清防垢技术研究与应用。

1 研究区块概况

X采油厂探明含油面积515.3 km^2，石油地质储量为27×10^8 t，含油气面积为163.5 km^2。管理油水井6512口，累计生产原油3371.63×10^4 t，采出程度为13.07%，采油速度为0.26%，综合含水率为68.36%，地层原油黏度为9.7 mPa·s，渗透率为5.0 mD。自投入开发以来，平均结垢井数约占开井数的50%。统计近5年因垢检泵情况，年均因垢检泵115井次，占作业井数比例的24.3%，结垢井数较多，比例较高。

X采油厂主要有CYG、SC、ZY及YD四个开发区。CYG是主体开发区，目前共有采油井3326口，其中开井2687口，该区块的一二类中高含水区结垢较为严重（表1）；YD开发区平均结垢比例为23.7%，其中S9-2区块开发以来结垢现象明显（表2）。

作者简介：计红，1987年生，女，工程师，现主要从事机采管理方面的工作。
邮箱：jihong10@petrochina.com.cn。

表1 CYG开发区结垢情况统计表

类型	开井数（口）	结垢井（口）	结垢井比例（%）
一类	460	297	64.6
二类	1156	650	56.2
三类	1071	390	36.4
合计	2687	1337	49.8

表2 YD开发区结垢情况统计表

区块名称	开井数（口）	结垢井（口）	结垢井比例（%）
S9-2	23	8	34.8
S25	7	1	14.3
S29	14	2	14.3
S3	15	3	20.0
合计	59	14	23.7

2 结垢类型和成分分析

为确定结垢类型，运用OLI-ScalChem软件对X采油厂各开发区采集的垢样进行室内实验分析。再选取YD开发区单井垢样，运用光谱照射技术中的电子荧光（XRF）检测及粉末衍射（XRD）检测，确定具体成分含量，分析结垢成因。

2.1 结垢类型

OLI-ScaleChem软件是一种水化学实验室模拟软件，可模拟难溶无机盐与地层矿物质在水中的沉淀—溶解平衡[4]，探究结垢的形成机理。实验步骤如下：首先，称取一定量的垢样，分为两份，一份进行焙烧，另一份为对比样；其次，根据SY/T 5523-2016《油田水分析方法》标准，采用氯仿抽提和高温煅烧除油的方式，对有机垢样和无机垢类型进行测定。检测结果如表3所示，X采油厂结垢类型主要为无机垢、混合垢和泥砂垢。

表3 X采油厂结垢类型表

类型	主要成分	比例（%）
无机垢	碳酸钙和氧化铁	83.2
混合垢	有机垢（蜡、胶质、沥青质等）和无机垢混杂	12.5
泥砂垢	二氧化硅和铝硅酸盐	4.3

2.2 垢质成分

电子荧光（XRF）检测和粉末衍射（XRD）检测技术的原理都是通过高能X射线与垢样中的原子相互作用，释放出不同光谱特征，以确定垢样中的元素组成、含量、晶体结构等信息。分别选取YD开发区S9-2-1、S29-1和S3-1的单井垢样（图1），进行成分测量（表4），并分析成垢原因。实验结果表明，YD开发区垢样外观为黑色，具有致密而坚硬、难剥离的特点，其主要成分为硫化亚铁和碳酸钙。分析其结垢成因，套管中杂质沉积，与水中的游离子结合形成溶解度很小的盐类分子，它们逐步开始结晶并形成微晶体，当大量微晶体堆积成垢后，因沉积环境不同，从而形成相对应类型的垢质。

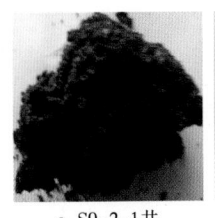  

a. S9-2-1井　　b. S29-1井　　c. S3-1井

图1 YD开发区单井垢样实物图

表4 垢质成分含量分析表

井号	垢质成分含量（%）											
	有机质	含油量	SiO_2	Na_2O	Al_2O_3	$CaCO_3$	$BaCO_3$	$MgCO_3$	FeS	$SrSO_4$	MnO	微量组成
S9-2-1	7.9038	7.4500	3.1198	0.2153	0.7639	0.3261	0.0992	0.2878	79.5016	0.0130	0.1601	0.1594
S29-1	0.2733	14.6000	6.2323	0.5940	1.9854	58.9077	0.0596	0.9247	14.5405	0.6624	0.7528	0.4673
S3-1	8.5653	9.1700	10.3478	0.4195	0.7068	22.1400	0.0459	0.8711	46.6806	0.2999	0.5457	0.2074

3 结垢治理技术

根据 X 采油厂各开发区块不同结垢类型,开展了化学除防垢和机械清防垢技术的研究与应用。

3.1 化学除防垢技术

针对轻微结垢井,根据垢样成分分析,进行室内药剂筛选,优选出有机络合解堵剂聚环氧琥珀酸—聚羧酸类 ZH-01 碱性药剂(简称 ZH-01 药剂)。该药剂除垢机理为水解后的阴离子与成垢后的阳离子通过络合反应[5],能抑制垢晶形成,减缓采油井结垢速度,延长泵的使用寿命,且除垢过程不产生气体,不需要返排。模拟地下 1700m、温度为 50℃的生产条件[6],把 YD 开发区 S9-2-1、S29-1 和 S3-1 的单井垢样浸泡在 ZH-01 药剂中 48h,取出清洗后的效果如图 2 所示。由图可以看出,该药剂试验效果较好,垢质被软化、肢解、分散,可随着抽油机启抽被携带出泵筒,达到解卡的目的。采用在井口周期性投加 ZH-01 药剂到油套环空的方式,选取 YD 开发区 13 口因垢检泵井进行现场试验。结果表明:检泵井次由 13 井次降至 4 井次,因垢检泵井比例由 23.7% 降至 12.1%,平均检泵周期由试验前的 193d 延长至试验后的 761d。

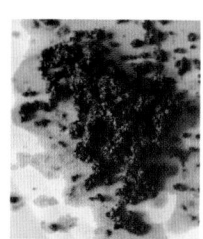  

a. S9-2-1井全部分散　　b. S29-1井全部肢解　　c. S3-1井全部肢解

图 2　YD 开发区不同单井垢样清洗图

针对结垢较严重、检泵周期较短的采油井,为保护泵筒,改进井下点滴器结构,在防砂筛管下端连接 10~15 根油管作为储药仓[7]。当抽油杆上行时,产生环空压力,点滴器启动阀被顶开,原油充满点滴器,进行点滴加药,实现结垢治理与预防。

针对结垢严重、地势低洼、化学清防垢困难的采油井,设计井下固体防垢管柱,在管柱内预置固体防垢剂(无机盐纳米球)。该管柱随作业过程下入井内,在井底油流冲洗作用下,固体防垢剂缓慢溶解,有效抑制垢的沉积。

3.2 机械清防垢技术

针对油管垢质松散的采油井,为降低管道损伤,改进高压水喷射技术,将地面水管单孔喷头设计为多孔喷头,利用地面高压泵车将水增压至 20MPa 后,产生的高压射流可正向或切向冲击油管内壁,清除垢质[8]。该技术具有施工简单、成本低、速度快的特点。截至 2024 年底,多孔喷头高压射流技术在 X 采油厂应用约为 400 口井,平均清除油管内壁垢质层厚 0.5mm,减缓采油井垢卡垢漏问题。

针对结垢严重、高含水的采油井,在原油管内以焊接方式按级加装 3 根吸附内管,形成多级井下吸附防垢管,将产生的垢质吸附在壁面上,降低液体进泵离子浓度,最大限度减轻垢进泵筒的可能性,防止垢卡、垢漏现象产生[9]。2020 年,该管柱配套防垢泵和防砂筛管在 CYG 开发区开展先期试验井 3 口,应用后平均检泵周期由 286d 延长至 580d。截至 2024 年底,该技术在 X 采油厂扩大应用至 634 口井,加装 5500 根吸附防垢管,取得较好的防垢效果。

针对结垢严重、出砂严重的采油井,投入使用长柱塞防砂防垢泵,其由长柱塞总成、短泵筒、泵筒转换器、防垢连接管、固定阀总成组成(图 3)。根据长柱塞防砂防垢泵的原理[10]可知,在抽油过程中,泵筒与柱塞始终保持紧密配合,为避免泵筒暴漏在油液中造成结垢,上出油阀罩始终伸出泵筒,可阻挡油管中的砂粒回落至泵筒内,柱塞及固定总成配件均采用表面镀镍磷处理,可有效防腐。截至 2024 年底,X 采油厂在用长柱塞防垢抽油泵 251 台,平均免修期已达 756d。

通过对采油井结垢类型和成分的研究,X 采油厂针对不同开采情况的单井,配套应用化学除防垢技术和机械清防垢技术,平均因垢检泵率由试验前的 25.8% 变成试验后 24.1%,下降了 1.7%。

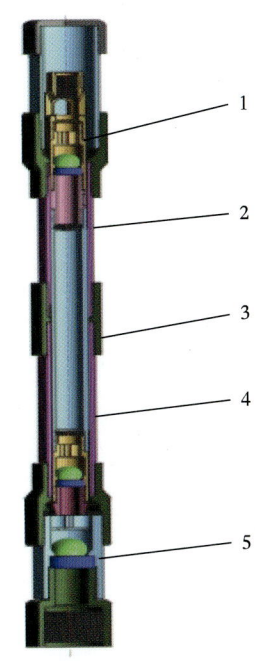

图 3　长柱塞防砂防垢泵结构示意图
1—长柱塞总成；2—短泵筒；3—泵筒转换器；
4—防垢连接管；5—固定阀总成

4 结　论

（1）井筒清防垢技术的运用，可以降低 X 采油厂因垢检泵率，延长检泵周期，保障油田的安全高效运行。同时，通过化学除防垢技术和机械清防垢技术配套应用，能减少采油井作业井数，降低作业成本。

（2）下一步可以借鉴 YD 开发区优选化学除垢剂的方法，根据 X 采油厂不同开发区垢样，进行 ZH-01 药剂推广试验。

参考文献

［1］李延庆，李连客，吴博武，等．油井除垢解堵技术的应用研究［J］．中国设备工程，2024（8）：221-223．

［2］马春宝．化学固砂技术在欢西油田的研究与应用［J］．化工管理，2015（2）：141．

［3］郭刚，张小龙，王琦，等．姬塬油田防垢、除垢技术应用研究［J］．石油规划设计，2013，24（4）：28-31．

［4］杜庆龙，宋宝权，朱丽红，等．喇、萨、杏油田特高含水期水驱开发面临的挑战与对策［J］．大庆石油地质与开发，2019，38（5）：189-194．

［5］匡韶华，石磊，于丽宏，等．防砂筛管测试技术现状及发展探讨［J］．石油矿场机械，2013，42（4）：83-88．

［6］邵光超．油田结垢与防垢技术研究［J］．石油地质与工程，2015，2（6）：31-33．

［7］胡俊卿．三元复合驱注入端加入防垢剂可行性研究［G］∥大庆油田有限责任公司采油工程研究院．采油工程 2019 年第 2 辑．北京：石油工业出版社，2019：20-23．

［8］郑淑梅．水射流油管清洗喷嘴结构的优化研究［G］∥大庆油田有限责任公司采油工程研究院．采油工程 2022 年第 1 辑．北京：石油工业出版社，2022：72-84．

［9］赵志辉．稠油井可钻筛管防砂工艺技术［J］．中国石油和化工标准与质量，2017，37（22）：163-164．

［10］邓金根，李萍，周建良，等．中国海上疏松砂岩适度出砂井防砂方式优选［J］．石油学报，2012，33（4）：677-680．

（编辑：陈琳）

改性二维纳米表面活性剂在低渗透油田的应用

李 鑫

(大庆油田有限责任公司第十采油厂)

摘 要：为挖潜低渗透 A 油田剩余油，提高采收率，开展了改性二维纳米表面活性剂的应用。通过对该表面活性剂特性的认识，采用原油乳化降黏与提高采收率评价实验优化药剂质量浓度，设计注入工艺及施工参数，并开展现场应用，从含水率、连通厚度、地层能量等方面进行措施效果对比。结果表明，当药剂质量浓度为 50mg/L 时，原油乳化降黏效果最佳，采收率更高；现场试验 15 口井，措施有效率为 93.3%，有效井平均单井日增油量 1t 以上、累计增油量为 179.8t；确定该表面活性剂对连通厚度大、地层能量充足的中低含水井具有更佳措施效果。该表面活性剂的应用为低渗透油田有效挖潜提供了技术参考。

关键词：改性二维纳米表面活性剂；低渗透油田；乳化降黏；增油挖潜；提高采收率

A 油田属低渗透油田，主产区渗透率为 2.6~22.5mD，地层原始压力为 6~16MPa，地面原油黏度为 18.3~106.5mPa·s，具有储层渗透率低、地层压力低、单井产能低、原油黏度高的特点[1]。在油田开发过程中，地层原油中的重质组分析出、沉积，堵塞孔道，造成采油井产能下降。历年来 A 油田所应用的压裂、酸化解堵等常规挖潜技术已难以取得较好的增产效果。

纳米技术是油气田勘探开发等各个领域新兴的研究方向，利用纳米粒子表面活性剂的高比表面积及特殊的化学反应特性，实现油气田采收率的提高[2]。相较于球形纳米流体，二维纳米流体提高原油采收率的潜力更大[3]。中国石油大学（北京）率先在二维纳米表面活性剂研发领域取得突破性进展。

为探索适合低渗透油田有效的挖潜方法，结合油气田开发领域新兴的纳米材料增产技术，A 油田引进并应用改性二维纳米表面活性剂（简称 CT 型表面活性剂），通过现场试验，摸索 CT 型表面活性剂在低渗透油田的应用规律。

1 表面活性剂特性

A 油田应用的 CT 型表面活性剂是一种黑色粉末状固体，表面呈现金属光泽[4]。其主要成分为 SiO_2，纳米片平均尺寸仅为 60nm×80nm，平均厚度为 1.2nm，可在水中实现稳定分散，具有智能找油、智能铲油、乳化降黏等作用。

1.1 智能找油

改性二维纳米材料具有智能找油的作用[5]。利用特有的能量隧道效应，纳米材料在多孔介质中存在微观渗透压并且体现出自发寻找油水界面的性质，能够在离散化的油水界面形成稳定的吸附层，快速形成"油层"，从而有效聚集离散式残余油滴。

1.2 智能铲油

改性二维纳米材料在微观渗透压作用下形成楔形渗透，可在无外力强剪切条件下，通过楔形渗透压产生剥离力，将高黏度的块状稠油从岩石表面铲

作者简介：李鑫，1990 年生，男，中级工程师，现主要从事措施解堵技术的研究工作。
邮箱：lixin100@petrochina.com.cn。

掉并乳化，不残留油膜，具有超强的洗油能力[6]。

1.3 乳化降黏

CT型表面活性剂为纳米级片状结构，能够渗透进入胶质沥青质片层结构中，拆解层状堆叠结构，形成离散状态，乳化重质组分，实现乳化降黏作用（图1）。

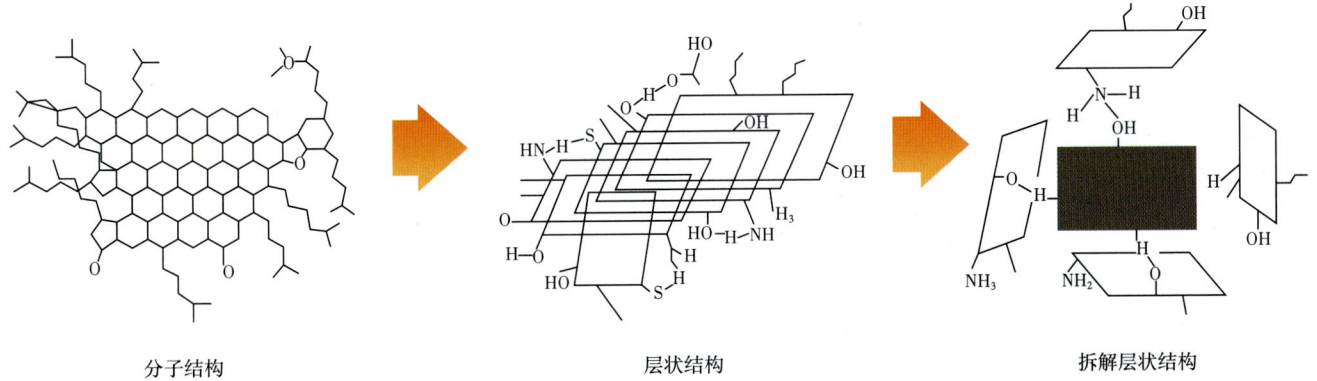

图1 乳化重质组分示意图

利用以上特性，当CT型表面活性剂注入到油层后，能够自动吸附聚集在岩层表面，并渗入孔隙中，将束缚油从岩石表面剥离，改善岩石润湿性，乳化重质原油组分，疏通孔隙孔道，减少原油流动阻力，提高油藏流体流动能力，可在一定程度上改变有效动用程度低的问题[7]。

2 质量浓度优化

通过原油乳化降黏与提高采收率评价实验，优选出最适用于A油田地质环境的CT型表面活性剂质量浓度。

2.1 原油乳化降黏评价实验

将A油田脱水原油与不同质量浓度CT型表面活性剂按照相同比例充分混合，模拟A油田地层温度45℃，加热30min，静置24h后观察原油乳化效果，并计算不同质量浓度CT型表面活性剂溶液的乳化率。

随着CT型表面活性剂溶液质量浓度的逐渐增加，乳化率呈先升后降的趋势，如表1所示。CT型表面活性剂质量浓度为50mg/L时，乳化效果最佳，乳化率达到最大值；当继续增加CT型表面活性剂的质量浓度时，乳化降黏效果逐渐变差，乳化率降低。

表1 不同质量浓度下CT型表面活性剂乳化率统计表

质量浓度 （mg/L）	初始体积 （mL）	乳化体积 （mL）	乳化率 （%）
10	10	5.40	54.0
25	10	5.55	55.5
50	10	5.80	58.0
75	10	5.60	56.0
100	10	5.50	55.0

2.2 提高采收率评价实验

参照A油田地质条件，选取渗透率为25mD、油相黏度为25mPa·s的岩心，采用不同质量浓度CT型表面活性剂进行驱替实验，结果如表2所示。由实验结果可见，当CT型表面活性剂质量浓度为50 mg/L时，提高采收率幅度最高，当继续增加CT型表面活性剂的质量浓度时采收率降低。

表2 不同质量浓度下CT型表面活性剂驱采收率统计表

质量浓度 （mg/L）	水驱采收率 （%）	水驱后CT型表面 活性剂驱采收率 （%）	提高采收率 幅度 （%）
10	50.4	62.1	11.7
25	50.4	64.9	14.5
50	50.4	68.4	18.0
75	50.4	66.6	16.2
100	50.4	65.7	15.3

综合上述实验（表1、表2），确定CT型表面活性剂适宜的质量浓度为50mg/L。

采用质量浓度为50mg/L的CT型表面活性剂，对渗透率为25mD，原油黏度分别为25mPa·s、100mPa·s（分别代表中、高黏度的原油）的两个岩心进行驱替实验，与两组岩心的水驱采收率进行对比，结果如图2所示。对于这两块岩心，水驱后CT型表面活性剂驱的采收率和水驱相比分别提高了18%与16.5%，说明CT型表面活性剂对渗透率为25mD的岩层具有良好的驱替效果，适用于A油田的地质环境。

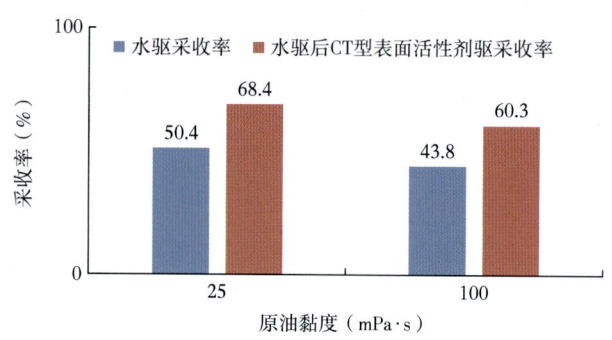

图2　不同黏度下水驱与表面活性剂驱采收率对比图

3 注入工艺及施工参数设计

设计采用套管环空全井笼统注入方式，使用硬管线连接泵车与井口，并为井口加装防喷管以保证施工安全。

依据技术特点和药剂性能，设计了三段塞注入方式。清洗井筒后，依次将前置液、表面活性剂、顶替液注入地层，然后焖井保证药剂在地层扩散后开井生产，以充分发挥药剂体系的润湿反转、乳化降黏、降低界面张力等作用，确保CT型表面活性剂的洗油、降黏效果，从而达到提高采收率的目的。

3.1 注入量设计

CT型表面活性剂增油挖潜技术主要解除以井筒为中心的油层近井地带伤害，规模应以经济可行且能够最大程度解除地层堵塞为目的。注入量计算公式为：

$$Q = \pi R^2 H \phi \qquad (1)$$

式中　Q——药剂配液量，m^3；
　　　R——措施作用半径，m；
　　　H——有效层处理厚度，m；
　　　ϕ——措施地层孔隙度。

对A油田潜在措施井的有效层厚度及地层孔隙度进行统计，确定平均单井有效层处理厚度为10.5m，地层孔隙度为16%。将上述数据代入公式（1）计算出不同作用半径下所需药剂体积，并测算措施费用，结果如图3所示。

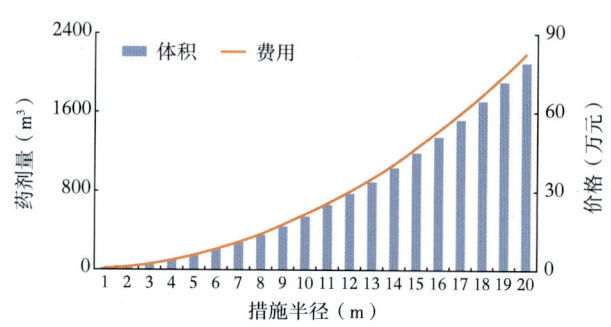

图3　措施半径与药剂量及费用关系图

结合成本及经济效益等方面因素，最终确定平均单井措施半径11m，设计单井平均注入药剂量639m^3。

3.2 施工排量设计

为促使药剂更多地进入低渗油层细小孔喉中，扩大药剂与岩层表面的接触面积，加强改性二维纳米材料的智能铲油作用，采取高压大排量注入方式，设计注入速度大于1m^3/min。为防止破坏地层，注入压力需小于破裂压力。以A油田最小地层破裂压力为最高注入压力，计算确定最大注入速度为1.5m^3/min，最终设计注入速度为1~1.5m^3/min。

3.3 焖井时间

为保证CT型表面活性剂充分扩散，发挥最佳措施效果，当套压降至2MPa以下时，表明CT型表面活性剂扩散至地层，焖井结束。

最终确定注入工艺的工序及施工参数如表3所示。

表3 注入工艺的工序及施工参数表

工艺	工序1	工序2	工序3	工序4	工序5
名称	洗井	前置液（质量浓度为25mg/L）	表面活性剂（质量浓度为50mg/L）	顶替液	焖井
注入体系	清水	CT型表面活性剂	CT型表面活性剂	清水	
措施作用	清洗井筒	预处理地层	解除重质组分对地层的伤害	将药剂替入储层	使药剂充分扩散
注入速度（m³/min）	0.3	0.3	1~1.5	1~1.5	
平均注入量（m³）	20	15	630	15	

4 现场应用

2023—2024年在A油田应用15口井。选取的措施井均曾具有稳定高产期，且高产期日产液量大于6t，有效层厚度为6.6~18.6m，连通水井为1~3口，措施前日产液量为0.5~4t，含水率位于25%~80%之间。具体措施效果如表4所示。

表4 措施井施工参数及措施效果统计表

分类	措施年份	井数	平均单井措施前			平均单井措施稳定期			差值		平均单井累计增油量（t）
			日产液量（t）	日产油量（t）	含水率（%）	日产液量（t）	日产油量（t）	含水率（%）	日产液量（t）	日产油量（t）	
有效井	2023	4	3.20	0.98	69.38	5.25	2.23	57.52	2.05	1.25	202.4
	2024	10	1.99	0.76	61.81	4.21	1.78	57.72	2.22	1.02	170.7
无效井	2024	1	3.00	0.60	80.00	3.60	0.80	77.78	0.60	0.20	21.7

由表4可见，实施的15口措施井中，有效井井数为14口，措施有效率为93.3%。有效井平均单井日增油量1t以上，平均单井累计增油量为179.8t，取得了良好的措施效果。对以上措施井措施条件与措施效果进行综合性分析，以下类型的井均得到较好的措施效果。

4.1 中低含水井

2023—2024年施工的15口措施井中，措施前含水率在70%以下的措施井共13口，措施稳定期内，平均单井日增油量为1.2t，平均单井累计增油量为186.6t。

措施前含水率在70%以上的措施井2口，其中高含水井1为措施无效井，措施前含水率为80.0%，措施稳定期内，平均单井日增油量为0.2t，单井累计增油量为21.7t；高含水井2措施前含水率为77.4%，措施稳定期内，平均单井日增油量为0.4t，单井累计增油量为88.5t，均低于措施平均效果（表5）。

表5 中低含水井与高含水井措施效果对比表

井号	措施前			措施稳定期			差值		累计增油量（t）
	日产液量（t）	日产油量（t）	含水率（%）	日产液量（t）	日产油量（t）	含水率（%）	日产液量（t）	日产油量（t）	
含水率在70%以下平均单井	2.3	0.8	65.2	4.6	2.0	56.5	2.3	1.2	186.6
高含水井1	3.0	0.6	80.0	3.6	0.8	77.8	0.6	0.2	21.7
高含水井2	3.1	0.7	77.4	3.2	1.1	65.6	0.1	0.4	88.5

由此可见，CT 型表面活性剂对高含水井挖潜效果欠佳，对中低含水井具有较好的增油挖潜效果。

4.2 连通厚度大的井

对 2024 年 10 口措施有效井措施后效果进行统计分析，相较于从措施井有效厚度进行分析，从措施井连通厚度进行分析更能体现出 CT 型表面活性剂应用的规律性。

对措施井启井后至实现增油间的天数间隔进行统计（图 4），发现当措施井连通厚度小于 2.5m 时，措施启井 42d 后，措施井才恢复措施前日产油量，恢复时间较长。

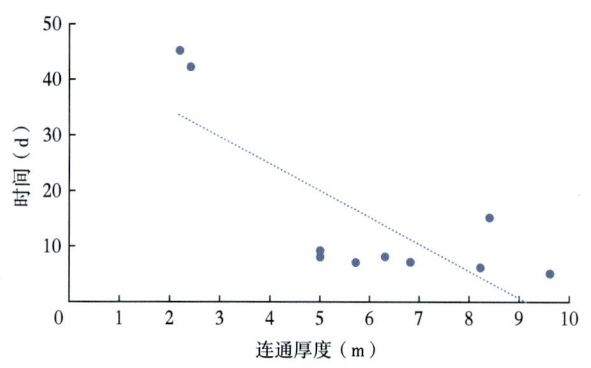

图 4　连通厚度与日产油量恢复天数关系图

当措施井连通厚度大于 5m 时，措施启井后 7~15d 内，措施井即可恢复措施前日产油量，呈现增油效果。对连通厚度大于 5m 的措施井进行分析发现，其整体上呈现出连通厚度越大、日产油量恢复天数越少的趋势。

对不同连通厚度的措施井的累计产油量进行统计对比（图 5），发现连通厚度小于 2.5m 的措施井单井累计产油量均小于连通厚度大于 5m 的措施井平均单井累计产油量。

由此可见，CT 型表面活性剂对连通厚度大的连通井，产能恢复快，增油效果好。

4.3 地层能量充足的井

对 2024 年 10 口措施有效井施工压力与措施效果进行统计分析（图 6），可见该措施整体上存在施工压力越高、日增油量越高的现象。

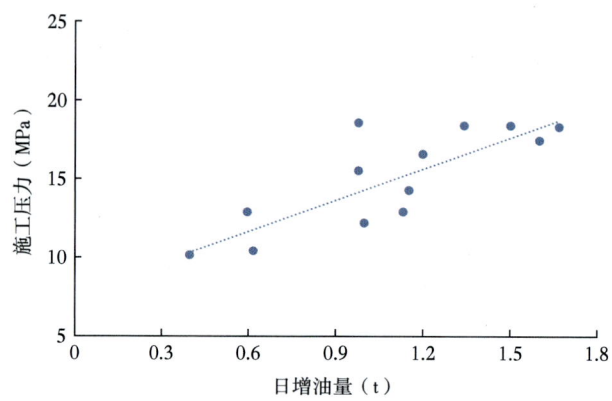

图 6　施工压力与单井日增油量关系图

针对此现象，将 14 口措施井按施工压力从高到低重新排列后，对各个单井的累计采出量与累计吸水量进行进一步统计对比，结果图 7 所示。

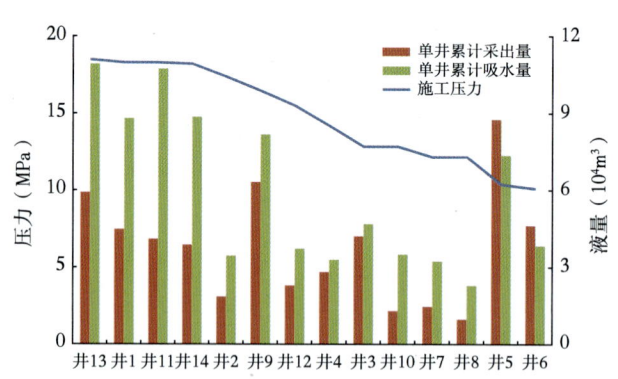

图 7　施工压力与单井采出量、吸水量关系图

可见稳定期内增油效果好的措施井，其单井累计采出量均小于单井累计吸水量，说明此类井受注效果好，地层能量充足，其直观表现为措施施工时注入压力高；而稳定期内增油、增液效果较差的措施井，其单井累计采出量均大于单井累计吸水量，说明此类井地层能量亏空，施工时无法维持较高的注入压力。

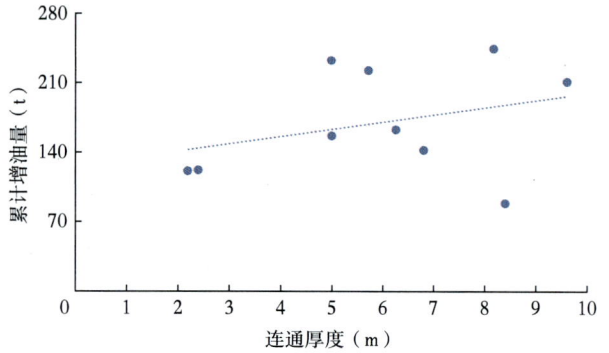

图 5　连通厚度与单井累计增油量关系图

由此推断，CT 型表面活性剂补充地层能量的作用并不明显，更适用于地层能量充足的措施井的增油挖潜。

4.4 中高黏度原油的井

对不同区块的两口措施井进行取样化验，化验结果如表 6 所示。

表 6 试验井措施前后原油形状对比表

井号	措施前				措施后			
	50℃密度（mg/cm³）	50℃黏度（mPa·s）	含蜡量（%）	含胶量（%）	50℃密度（mg/cm³）	50℃黏度（mPa·s）	含蜡量（%）	含胶量（%）
试验井 1	823.43	23.72	19.4	17.6	826.38	19.31	22.5	21.4
试验井 2	836.88	24.76	20.2	18.8	839.62	20.68	23.1	20.2

由表 6 可知，两口措施井措施后原油黏度下降，原油密度、蜡质含量、胶质含量都有所上升，说明 CT 型表面活性剂能够乳化重质组分，重质组分随采出液采出，证明了 CT 型表面活性剂起到良好的乳化降黏作用。

5 结 论

（1）室内实验与现场试验表明，CT 型表面活性剂具有优良的乳化降黏能力，能够乳化原油中的重质组分，减少原油流动阻力，提高油藏流体流动性，有效地恢复了采油井供液能力，并提高了采油井的采收率。

（2）通过对试验井的统计分析可见，在 CT 型表面活性剂的实际应用中，连通厚度大、地层能量充足的中低含水井具有更佳的措施效果，能够更好地提高此类采油井的采收率。

参考文献

[1] 孙兆海．改进型二氧化碳与化学剂复合吞吐试验技术研究［G］//大庆油田有限公司采油研究院．采油工程 2023 年第 2 辑．北京：石油工业出版社，2023：7-12．

[2] 侯吉瑞，闻宇晨，屈鸣，等．纳米材料提高油气采收率技术研究及应用［J］．特种油气藏，2020，27（6）：47-53．

[3] 梁拓，杨昌华，张衍君，等．纳米流体提高原油采收率研究和应用进展［J］．新疆石油天然气，2023，19（4）：29-41．

[4] 杨景斌，侯吉瑞，屈鸣，等．2-D 智能纳米黑卡在低渗透油藏中的驱油性能评价［J］．油田化学，2020，37（2）：305-310．

[5] 肖立晓，侯吉瑞，孙佳奇，等．纳米黑卡流体在低渗透多孔介质的动态吸附规律［J］．油田化学，2024，41（4）：645-655．

[6] 袁美玉．2D 智能纳米黑卡驱油技术的应用［J］．化学工程与装备，2022（9）：89-90．

[7] 魏天超，李永环，郑继明，等．大庆油田致密油水平井小间距体积压裂现场试验［G］//大庆油田有限公司采油研究院．采油工程 2020 年第 2 辑．北京：石油工业出版社，2020：10-13．

（编辑：孟思媛）

水平井三相螺旋式 AICD 实验研究与性能分析

王青海[1]，马紫梁[2]，卢思思[1]

（1. 大庆油田有限责任公司第十采油厂；2. 大庆油田有限责任公司第一采油厂）

摘　要：针对水平井受储层非均质性、趾跟效应等因素影响，出现边底水或注入水锥进，导致含水率快速上升的问题，开展了水平井三相螺旋式 AICD 实验研究与性能分析。基于螺旋分离及三通管分流分相原理，通过流体力学数值模拟对三相螺旋式 AICD 的入口连接方式、入口数量及喷嘴直径进行优选，并经室内实验对不同黏度、流量的流体进行分析及验证。结果表明，三相螺旋式 AICD 优选切向连接、1 个入口、直径为 40mm 的喷嘴，在油相黏度为 200mPa·s、含水率为 90% 的条件下，油水分离效率达到 29%，取得了良好的分离效果。三相螺旋式 AICD 通过自主动态调节流动阻力，实现对油水两相流体的差异化控制，达到了控水稳油目的。

关键词：水平井；三相螺旋式 AICD；稳油控水；结构设计；数值模拟

水平井通过扩大与油层接触面积来提高单井产量，从而实现较短的投资回报周期和较好的经济效益[1]，是开发薄层油藏、底层水油藏及低渗透油藏等复杂地质结构的有效手段[2]，可减缓底水脊进。但水平井与地层平行的井身结构，在边底水或注入水锥进影响下[3-4]，会迅速形成水主导的流动路径，产油量骤减直至"水淹"。

AICD（Automatic Inflow Control Device）是一种通过流体特性调节产量的自动相选择控制装置，目前国内主要应用 Y 型流道式 AICD 和双腔螺旋式 AICD，现场成功案例较少。为适应大庆油田外围区块水平井有效开发，消除趾跟效应[5]，达到改善产层剖面、实现限流控水的目的，开展了三相螺旋式 AICD 实验研究和性能分析。

1 结构及技术原理

1.1 结构

AICD 通过流体性质差异（如黏度、密度）和流动的路径设计，能自动区分油水相并施加不同阻力[6]。针对常见的 Y 型流道式 AICD 和双腔螺旋式 AICD 存在的适用性差、控水效果不稳定等问题，基于螺旋分离理论及三通分相分离原理[7]，创新设计出三相螺旋式 AICD。该装置主要由入口、环形流道、螺旋腔室、双重喷嘴结构（水喷嘴、油喷嘴）组成（图1）。

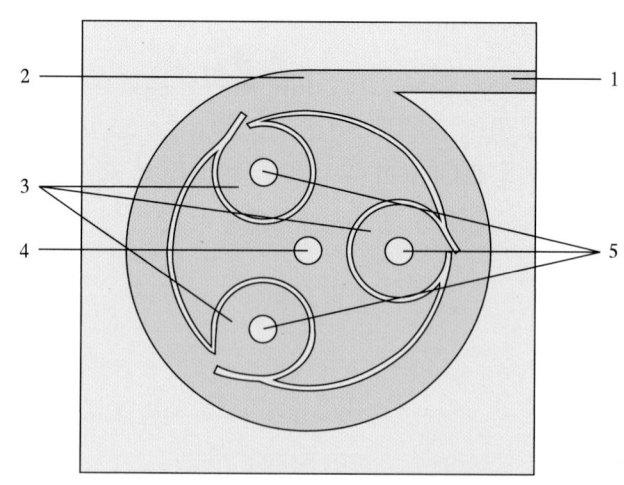

图 1　三相螺旋式 AICD 剖面图
1—入口；2—环形流道；3—螺旋腔室；
4—油喷嘴；5—水喷嘴

第一作者简介：王青海，1971 年生，男，高级工程师，现主要从事油水井增产增注方面的工作。
邮箱：wangqh_1@petrochina.com.cn。

1.2 技术原理

在边底水或注入水锥进后，油水混合物流入三相螺旋式 AICD 时，由于水相黏度小、密度大，进入螺旋腔室后形成更强的旋流，产生离心效应和更大的摩擦压降，导致更高的能量损耗，从而限制水相的通过[8]。而油相的黏滞性大、密度小，几乎不受惯性效应干扰，阻力较小，顺畅地沿着导流槽进入螺旋腔室，当接近喷口时，旋转速率迅猛提升，螺旋腔室内尚未彻底分离的油水混合物在离心力作用下，使油相得以沿预设通道被引导至储藏室，并经喷口进行流量控制排出，从而提高油相流动性，实现"水增阻、油畅流"的效果。

2 流体力学数值模拟

为实现控水稳油目标，通过数值模拟，确定三相螺旋式 AICD 的入口连接方式、入口数量及喷嘴直径[9]。

2.1 入口连接方式优选

模拟三相螺旋式 AICD 切向和 Y 型两种入口连接方式，并开展分析。

2.1.1 速度流线分布分析

由于水相的黏度小、流动性好，两种入口连接方式对水相的影响较小。而油相的流动主要由黏性阻力主导而非惯性作用，当油相依附螺旋形挡板被引导进入螺旋腔室，在经过油喷嘴释放的过程中，其运动路径展现出曲折形态。由油相速度分布图（图 2）可以看出，相比切向入口连接，在 Y 型入口设计中，部分油因为黏滞性的作用，倾向于逆流而行，沿着分支通道反向流动，在两股流体相遇地点，角动量的相互影响并没有导致力量的增强，还出现了相互抵消的情况，影响油的排出。

2.1.2 压力分布散点分析

三相螺旋式 AICD 在切向和 Y 型两种入口连接方式下，装置的中心点（油喷口）为 0 点，以过中心点且垂直入口方向为 x 轴，以装置的厚度方向，即受轴向压力为 y 轴，通过模拟绘制压力分布散点图（图 3）。总体上水相压降效果高于油相。由图可以看出，入口切向连接时，水相的压力在 10～70kPa 区间内变化，入口 Y 型连接时，水相压力在

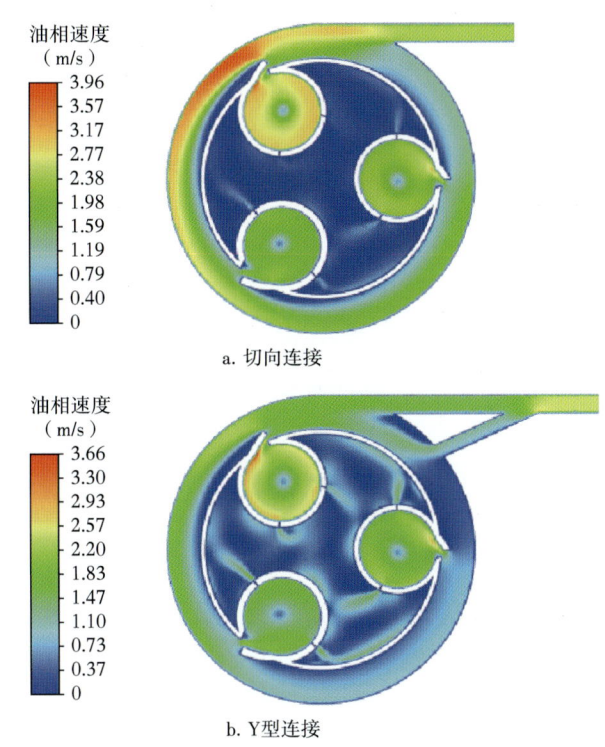

图 2 不同连接方式下油相速度分布图

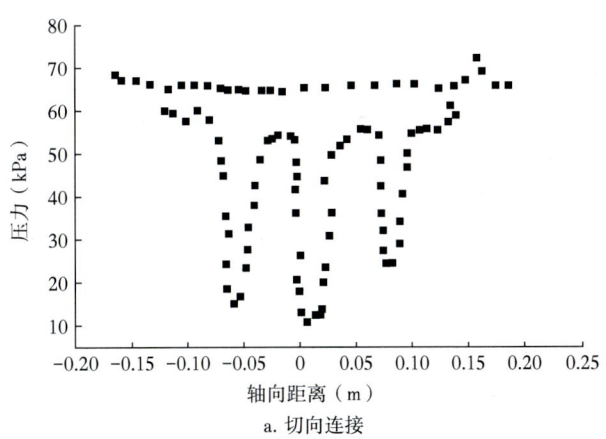

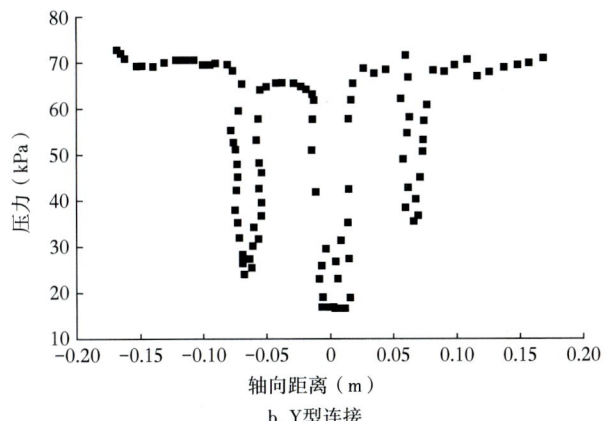

图 3 水相压力分布散点图

16~74kPa 区间内变化，入口切向连接时，轴向压力更小，其在控制和拦截水分流失方面表现更优。

因此，三相螺旋式 AICD 入口处采用切向连接设计。

2.2 入口数量优选

在一定范围内的流量条件下，改变装置的入口数量会对三相螺旋式 AICD 的效果有影响。分别模拟了入口数量从 1 个增加到 4 个的水油压降比（图4）。结果显示，随着入口数量的增加，水油压降比呈现递减趋势。其中，在入口数量为 1 个时，水油压降比达到峰值，油水稳定控制性能最优；当入口数量设计为 2 个时，降幅开始发生明显变化，对油水稳定控制性能产生了负面影响。分析认为，油相的切向运动及旋流运动影响较小；水相的流动态因入口数量变动而大幅波动，极大干扰了三相螺旋式 AICD 的控水功能。

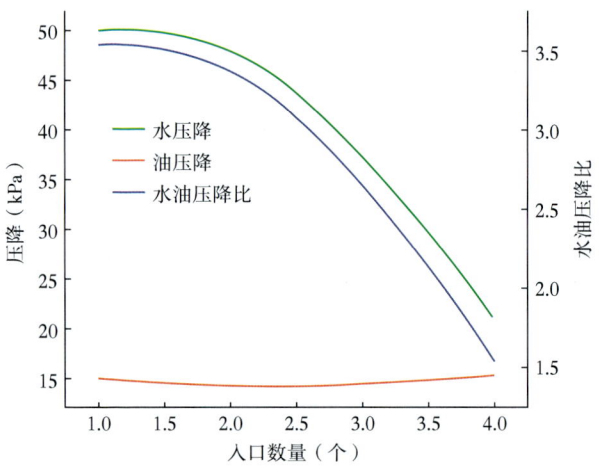

图 4 不同入口数量压降以及压降比分布图

2.3 喷嘴直径优选

分别模拟了油、水喷嘴直径在 40mm、55mm 和 70mm 时在出口处的速度、压降及水油压降比（图5—图7）。结果显示：随着喷嘴直径的增加，油相在出口处的速度有所下降，水相在螺旋腔室中的旋转速度影响更明显；当喷嘴直径为 40mm 时，水相的旋转速度最大，此时，水相流过三相螺旋式 AICD 的压降显著大于油相流过三相螺旋式 AICD 的压降，三相螺旋式 AICD 的工作效率最高。

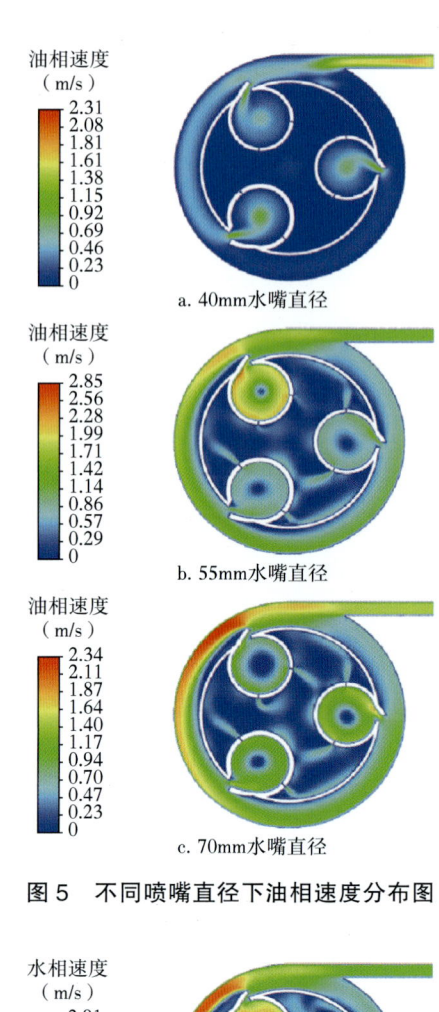

图 5 不同喷嘴直径下油相速度分布图

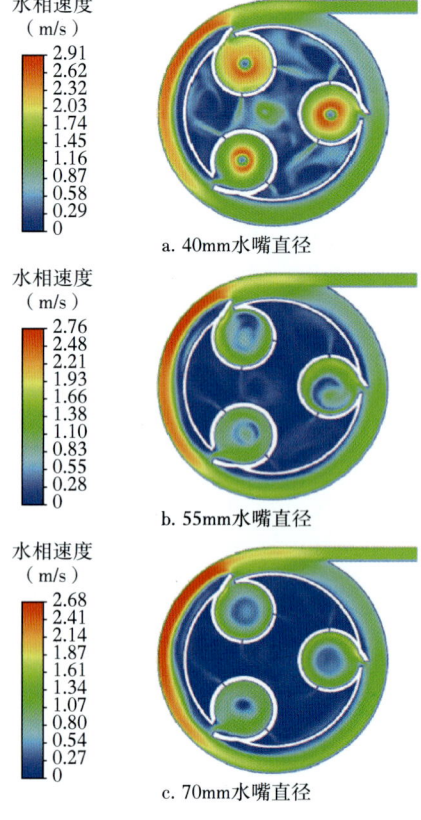

图 6 不同喷嘴直径下水相速度分布图

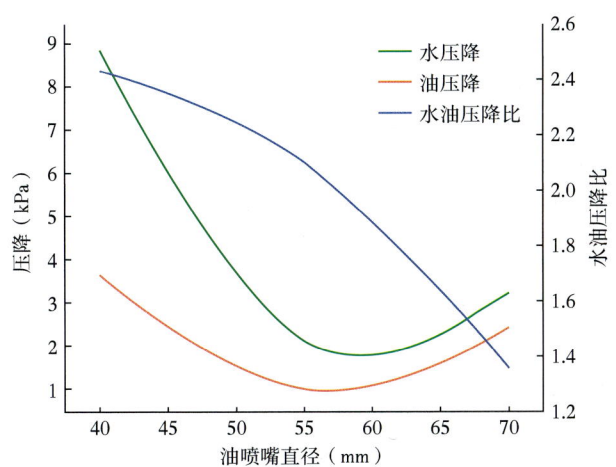

图7　压降及水油压降比与油喷嘴直径关系图

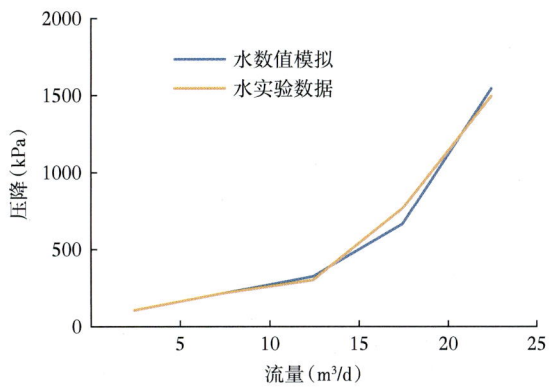

图8　40mm油水喷嘴水相数值模拟与实验结果对比图

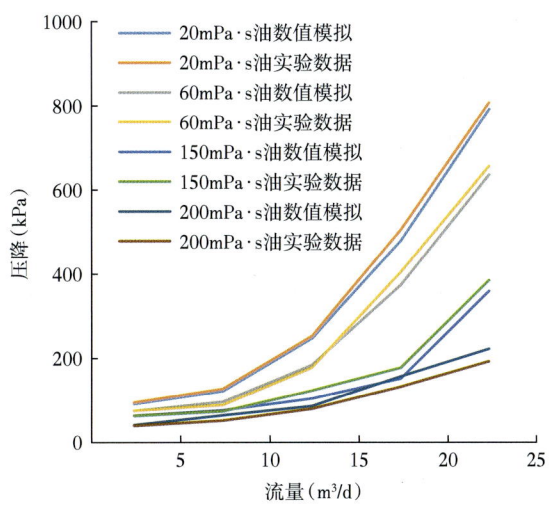

图9　40mm油水喷嘴油相数值模拟与实验结果对比图

3 实验验证

对三相螺旋式AICD进行不同流量条件和不同黏度值的油水混合相实验，实验的AICD采用1个切向连接入口、40mm油水喷嘴，其中水相为自来水，油相由原油和柴油按一定比例配制而成。

实验时，按设计流程试压5MPa，稳压10min，压力不降为合格。在搅拌罐中加入实验流体，设定恒流泵的瞬时输出流量，流体在恒流泵的驱动下进行管路循环流动，待恒流泵的输出流量稳定后，记录恒流泵流量，同时记录三相螺旋式AICD前后压力表的压力。每完成一组数据的测量，需重新设定恒流泵流量，进行下一组数据录取，每组数据测量录取3次取平均值。

3.1 流体压降分析

分别对纯水和黏度为20mPa·s、60mPa·s、150mPa·s及200mPa·s的油相进行了单相流实验。结果表明，水相流过三相螺旋式AICD的压降远大于油相的压降，其中200mPa·s油相的压降最小（图8、图9）。

3.2 分离效率及控水性能分析

三相螺旋式AICD的分离效率，随含水率的升高而增加，且黏度越大分离效率越高（表1）。当油的黏度为200mPa·s、含水率为90%时，油水分离效率达到29%，取得良好的分离效果。因此，

三相螺旋式AICD构造对控制流体的惯性及黏滞效应较好，能够对油水混合流体进行高效分离，对水相产生较大阻力并抑制水的产出，达到限流控水目的。

表1　不同含水率和黏度下的分离效率表

含水率（%）	黏度（mPa·s）	分离效率（%）
30	20	14.75
	60	16.23
	150	17.96
	200	20.11
60	20	16.31
	60	18.76
	150	22.86
	200	23.36

续表

含水率（%）	黏度（mPa·s）	分离效率（%）
90	20	20.47
	60	21.49
	150	27.68
	200	29.27

4 结 论

(1) 通过分析三相螺旋式 AICD 在不同结构参数下的控水机理以及油水分离的特性，确定该装置入口连接方式为切向连接、入口数量为 1 个、油水喷嘴直径为 40mm 时，控水性能最佳。

(2) 流经三相螺旋式 AICD 的水相和油相的密度对压降的影响不大，流体黏度变化是影响装置性能的重要因素。该装置在确保原油有效产出的同时，能够有效地抑制边底水和注入水流体的产出，减缓水相侵入采油井，实现稳油控水的目的。

(3) 实验数据与数值模拟的预测呈现出高度匹配性，验证了数值模拟技术在预测三相螺旋式 AICD 油水控制性能方面的精确性与可信度，确保了其预测结果的充分可靠性。

(4) 下一步，在完成了数值模拟和室内实验的基础上，进行高含水水平井现场试验，进一步验证 AICD 装置的稳油控水效果。

参考文献

[1] 陈维余，孟科全，朱立国. 水平井堵水技术研究进展 [J]. 石油化工应用，2014，33（02）：1-4.

[2] 侯金明，黄博爱，韩新宇. 利用水平井开发薄油层技术研究及应用 [J]. 科技信息（学术研究），2007（20）：178-179.

[3] 饶富培，董云龙，吴杰生. 大港油田底水油藏水平井控水完井工艺 [J]. 石油钻采工艺，2010，32（3）：107-109.

[4] 张瑞霞，王继飞，董社霞，等. 水平井控水完井技术现状与发展趋势 [J]. 钻采工艺，2012，35（4）：35-37.

[5] 王海静，薛世峰，高存法，等. 非均质各向异性油藏水平井流入动态 [J]. 大庆石油学院学报，2012，36（03）：79-85.

[6] 曾诚，段永刚，刘宇凡. 井下流入控制器在底水油藏水平井中的控水调剖作用 [J]. 钻采工艺，2014，37（3）：67-70.

[7] 曾泉树，汪志明，王小秋，等. 一种新型 AICD 的设计及其数值模拟 [J]. 石油钻采工艺，2015，37（2）：101-106.

[8] 闫作秀. 水平井新型控水装置的研发与工作性能分析 [D]. 大庆：东北石油大学，2020.

[9] 周旭. 一种新型 AICD 装置的结构设计优化及数值模拟 [D]. 成都：西南石油大学，2018.

（编辑：牛爽爽）

低渗透油田不停机间抽技术应用

关文涛，宋成功，方 明，徐 浩，张玉民

(大庆油田有限责任公司第十采油厂)

摘 要：为解决朝阳沟油田机采井能耗高、单井产油量低的问题，开展了低渗透油田不停机间抽技术应用。通过不停机间抽配电箱结构及原理分析，以油井产液量与井底流压关系为理论研究基础，开展间抽油井沉没度变化规律研究；另外，通过现场试验，制定并验证不停机间抽制度指导模板。截至2024年底，不停机间抽技术现场应用2281口井，机采井耗电量下降15.7%，系统效率提高3.28个百分点。低渗透油田不停机间抽技术为油田降本增效提供了有力支撑。

关键词：产液量；抽油机；不停机；间抽制度；沉没度；节能降耗

经过多年的勘探开发，朝阳沟油田已进入中后期开发阶段，整体开发效益变差，成本压力越来越大，电费成本占运行成本比重大；另外，通过精细管控发现抽油机举升耗电量占全厂总耗电量的38.1%，抽油机举升耗电量大。随着油井产液量逐年下降，如果采用传统24h连续运行的生产方式，会增加油田吨油操作成本。目前大多数采油厂都存在着一定比例的低产油井，而且低产油井数量还在逐年上升。利用变频调速装置进行调速，也无法满足供排关系。

针对低产、低效抽油机井，在节能降耗方面，除应用节能设备外，形成了停机间抽采油的治理手段[1]。在停机间抽应用过程中发现，受相关配套设备及管理等限制，存在人工管理难度大、液面波动幅度大、设备冲击大等问题，限制了间抽采油技术优势的发挥。同时，部分抽油机井地势较低，受到恶劣天气等影响，车辆及员工无法进入井场，冬季有3个多月极寒天气无法执行停机间抽，影响全年整体电量。

针对泵效低、系统效率低的问题，为保持产油量稳定、减少无效损耗、进一步拓展节能空间，开展了低渗透油田不停机间抽技术应用。

1 结构及工作原理

1.1 不停机间抽配电箱结构

不停机间抽配电箱主要由触摸屏、驱动器、控制单元、交流接触器、电动机保护器、进出线接线端子、启停开关等组成，能够实现抽油机井摇摆运行与整周运行的组合模式。

触摸屏用于显示抽油机机电参数并设定抽油机摆动时间、单次正向时间、正向频率、单次反向时间、反向频率、转动时间、转动频率。驱动器负责接收触摸屏下发的设定数据，运行峰谷平控制指令，改变抽油机曲柄左右摆动角度和抽油机整周运转冲次数，实现地面不停机、井下间歇等待及整周抽汲的运行模式[2]。

交流接触器具有断电流能力强、动作迅速、操作安全、能频繁操作等优点，可实现电动机电源的通电和断电。电动机保护器在电动机出现过载、过压、欠压、缺相、短路时予以报警，并对配电箱进行保护控制。

第一作者简介：关文涛，1983年生，男，高级工程师，现主要从事机采节能管理工作。
邮箱：guanwentao@petrochina.com.cn。

1.2 不停机间抽配电箱工作原理

不停机间抽配电箱的工作原理是通过触摸屏内的控制单元设置短周期（可设置到分钟）循环运行，实现连续安全生产，使低产井能够高效运行。不停机间抽操作界面示意图如图1所示。在操作界面输入各参数，用来调整抽油机曲柄左右摆动角度和抽油机整周运转冲次数。摇摆运行时，在减速箱负载最小点电动机进行单向推动使曲柄摆动，摆动角度控制在30°左右（图2），光杆运行距离在整个杆柱弹性变形范围内，柱塞保持不动。转换到整周运行时，借助势能向动能的释放转换作用，电动机达到正常转速，消除了启动冲击，全天按照设定时间循环往复。若退出摇摆功能，需点击界面"摇摆功能启动"，之后变为"摇摆功能停止"。退出后，系统以设定的频率进行常规变频运行。

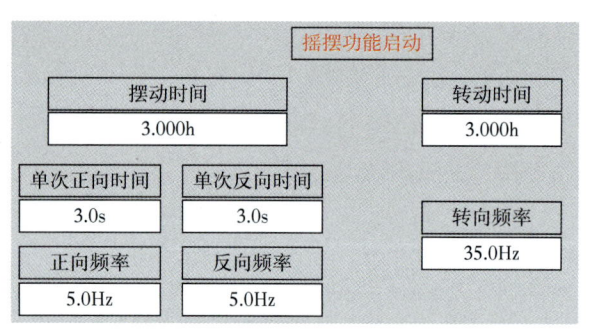

图1　不停机间抽操作界面示意图

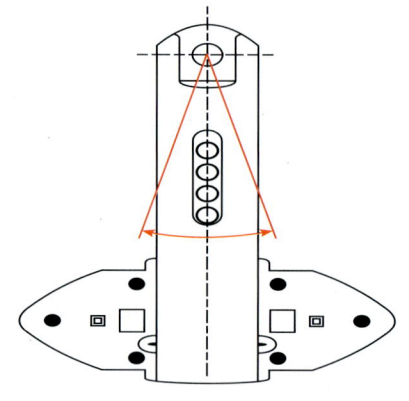

图2　不停机间抽摆动示意图

2 不停机间抽制度确定

2.1 理论分析

针对低渗透油井，首先，对间抽油井产液量与井底流压进行理论分析，摸索间抽油井沉没度下降、恢复的变化规律，为建立间抽油井合理间抽制度提供理论基础；其次，以理论基础为依据，开展间抽油井现场试验，根据供排协调关系，在确保油井产液量不变的情况下，优化油井的合理抽汲时间，从而得到最终的间抽油井工作制度指导模板。

为避免对产液量造成影响，通过液面恢复提高泵效和提高抽汲阶段理论排量相结合的参数控制方法，实现控流压、保产液量、降能耗目的。油井停机后，地层持续供液，表现为液面的升高。随着流压上升，液面上升速度变缓，在较短时间内可近似为匀速上升；起抽后，由于沉没度上升，使得抽油泵充满程度增加、泵效提高，快速将液面抽汲至停机前水平。液面初期上升较快，随着液面的升高，液面恢复能力变弱，但在较小的升幅区间内，液面恢复可近似为一条直线。以IPR（流入动态）曲线为理论研究基础，在合理假设条件下，把油井产液量作为约束条件，探索沉没度恢复与沉降规律，确定间抽制度。

2.1.1 油井产液量与井底流压理论研究

对于储层物性和流体物性均质的饱和油藏，在忽略重力、岩心及束缚水的弹性膨胀影响下，根据不同的油、气相渗透率曲线和储层原油物性数据[3-4]，利用完善井的溶气驱理论计算结果，建立IPR曲线表达式：

$$\frac{q_0}{q_{max}} = 1 - 0.2\left(\frac{p_{wf}}{p_r}\right) - 0.8\left(\frac{p_{wf}}{p_r}\right)^2 \quad (1)$$

式中　q_0——流入液量，m³/d；

q_{max}——地层瞬时最大渗液量，m³/d。

p_{wf}——井底流压，MPa；

p_r——地层静压，MPa。

流压过高或过低都会对产液量产生影响。对于低渗透油田，流压与产液量关系非线性变化。根据油气层渗流理论及低渗透油田渗流特征，推导出低渗透油井流入动态方程，并绘制IPR曲线图（图3）。由图可以看出，流入动态曲线呈现三个阶段：阶段一是流压大于饱和压力，产液量随流压降低，基本呈线性上升；阶段二是流压低于饱和压力，出现气液两相流，产液量上升速度减缓；阶段三是流压降到一定程度时，即拐点处，产液量最优，对应的流压值为合理流压；之后随着流压降低，产液量出现不增反减的现象。

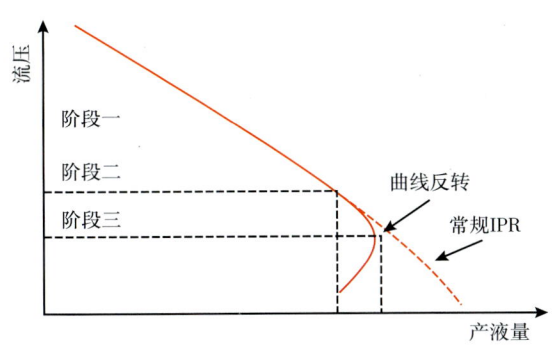

图 3　IPR 曲线图

2.1.2 沉没度变化规律

研究间抽油井沉没度随时间的变化规律，是确定间抽油井合理工作制度的理论基础[5-7]。通过研究井底流压与产液量关系，分析间抽油井沉没度的变化规律。

间抽油井沉没度变化示意图如图 4 所示。假设 t 时刻井筒内沉没度深度为 h，经过时间 Δt 后，液面恢复高度为 Δh。

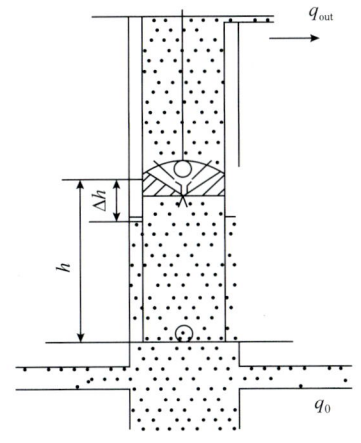

图 4　间抽油井沉没度变化示意图

h—井筒内沉没度深度；Δh—液面恢复高度；q_{out}—泵出口排量

地层静压与套压的关系可以表达为：

$$p_r = \rho g (h_z + h_{max}) + p_{套} \quad (2)$$

式中　ρ——井筒内液体的密度，kg/m³；

　　　g——重力加速度，m/s²；

　　　h_z——泵吸入口至油藏中部深度，m；

　　　h_{max}——油井能维持的最大沉没度，m；

　　　$p_{套}$——套压，MPa。

井底流压为：

$$p_{wf} = \rho g h + p_{套} \quad (3)$$

式中　h——井筒内沉没度深度，m。

当油井摇摆停产时，泵出口排量 q_{out} 为零，但地层流入液量 q_0 不为零，此时油套环空液面高度变化与时间变化关系为：

$$q_0 \Delta t = A \Delta h \quad (4)$$

式中　Δt——时间变化，min；

　　　A——油套环空横截面积，m²；

　　　Δh——液面恢复高度，m。

结合式（1）、式（3）对式（4）进行变换，整理可得：

$$\frac{dt}{A} = \frac{dh}{q_{max}\left[1 - 0.2\left(\dfrac{\rho g h + p_{套}}{p_r}\right) - 0.8\left(\dfrac{\rho g h + p_{套}}{p_r}\right)^2\right]} \quad (5)$$

对公式（5）两端进行积分，即可获得沉没度深度 h 与时间 t 的关系：

$$\int \frac{dt}{A} = \int \frac{dh}{q_{max}\left[1 - 0.2\left(\dfrac{\rho g h + p_{套}}{p_r}\right) - 0.8\left(\dfrac{\rho g h + p_{套}}{p_r}\right)^2\right]} \quad (6)$$

当油井最大产油量分别为 0.5 t/d、1.0 t/d、1.5 t/d、2.0 t/d、2.5 t/d、3.0 t/d、3.5 t/d、4.0 t/d、4.5 t/d 时，绘制沉没度从 0 升到 250 m 时沉没度与时间变化规律曲线（图 5）。该曲线为间抽油井合理工作制度的确定提供理论依据。

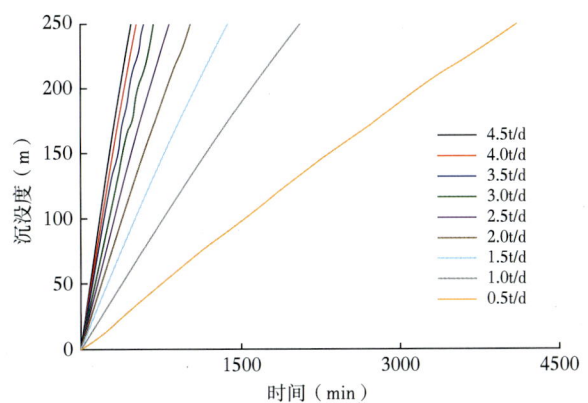

图 5　沉没度与时间变化规律曲线图

2.2 现场验证

2023—2024年在朝阳沟油田运用不停机间抽技术开展不同产液量的单井和井组现场试验。现场试验78口井，测试录取产油量、示功图、液面、油压、套压、系统效率等数据1582项。通过试验数据分析，形成了不停机间抽制度，并对间抽制度进行验证，在单井和井组开展试验，发现间抽前后产油量稳定且节省了耗电量，证明间抽制度适用于低渗透油田。

2.2.1 单井间抽制度

选取朝阳沟油田A井进行现场试验，对A井示功图进行连续测试，其间抽前后示功图变化如图6所示。

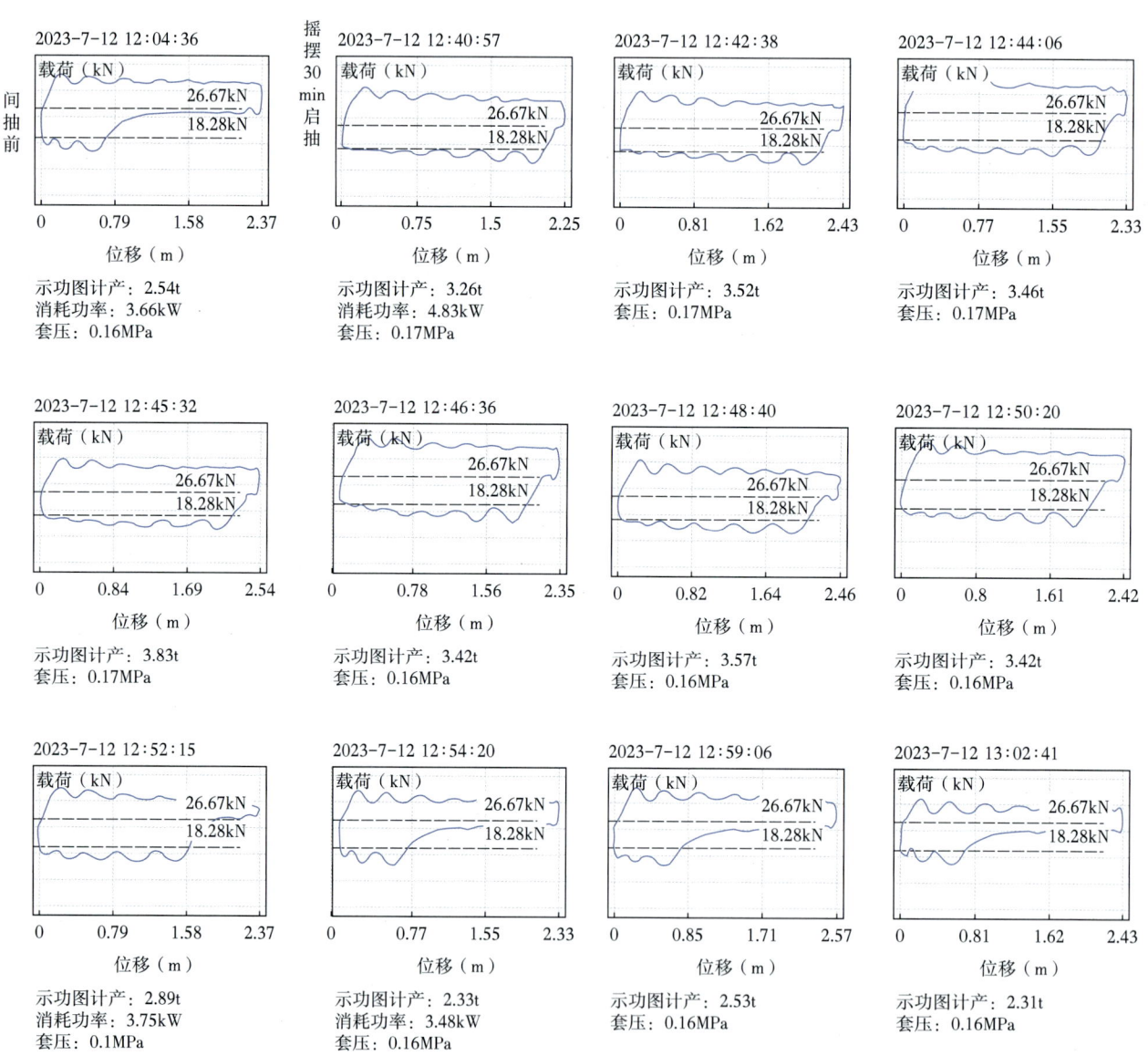

图6　A井间抽前后示功图变化图

由图6可知，间抽前后套压基本保持不变，泵充满程度主要受沉没压力控制，将示功图恢复到间抽前水平，即液面恢复到间抽前水平，确定单井间抽制度。A井采用摇摆时间30min、运行时间14min的间抽制度，对产液量基本没有影响，为间抽制度指导模板的确定提供参考数据。

2.2.2 单井泵效变化规律

选取朝阳沟油田B井进行现场试验，测试B井不同摇摆时间泵效变化情况。B井不同摇摆时间泵效变化曲线如图7所示。

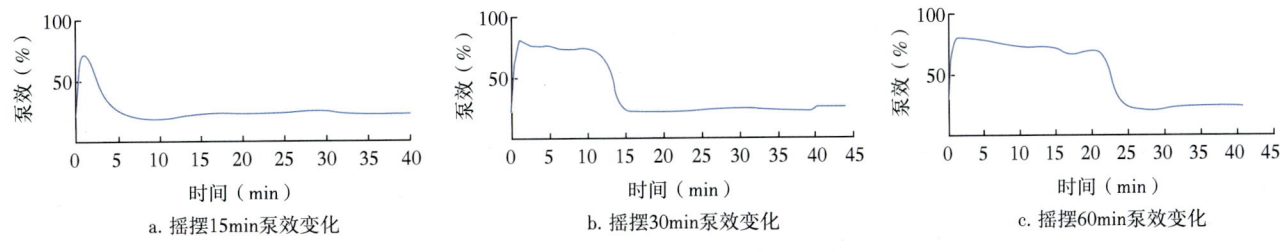

图 7　B 井不同摇摆时间泵效变化曲线图

在 B 井按照 15min、30min、60min 三种摇摆时长，监测泵效变化规律。试验结果表明，间抽摇摆时间越长，运行后泵效提高幅度越大，且高泵效持续时间越长。

2.2.3 间抽制度指导模板

根据现场试验结果和经验，在保持产液量基本不变的情况下，保证间抽油井在低于间抽前沉没度下生产，提高 10% 运行参数，适当延长运行时间，形成 5 种产液量级别不停机间抽制度指导模版（表 1）。

表 1　不停机间抽制度指导模板表

分类	产液量级别（t/d）	间抽制度	
制度 1	≤1	运行 15min、摇摆 45min	参数不变
制度 2	1~2	运行 20min、摇摆 40min	参数提高 10%
制度 3	2~3	运行 42min、摇摆 18min	参数提高 10%
制度 4	3~4	运行 46min、摇摆 14min	参数提高 10%
制度 5	4~5	运行 50min、摇摆 10min	参数提高 10%

2.2.4 验证间抽制度指导模板

选取朝阳沟油田 50 口油井，按照间抽制度指导模板进行现场验证，50 口油井的日产油量随时间变化如图 8 所示。间抽前平均日产油量 73.9t，执行间抽后平均日产油量 73.8t，间抽前后产油量基本保持稳定。50 口油井平均节电率 20.2%，计量日节电量为 1330kW·h。因此，间抽制度指导模板能够合理指导抽油机间抽制度的制定，同时保证抽油机有效进行不停机间抽工作。

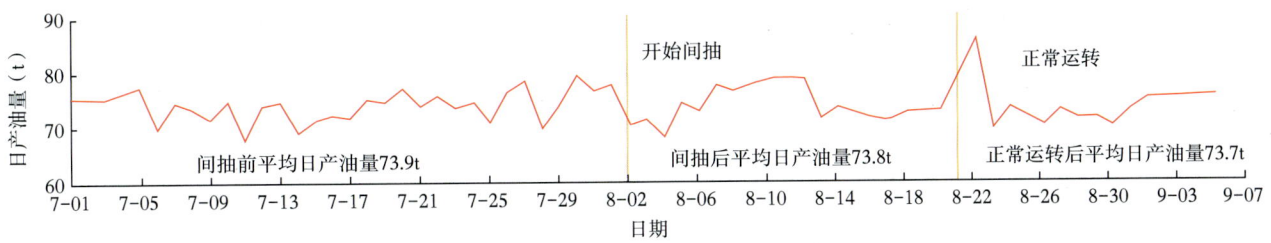

图 8　50 口油井的日产油量随时间变化曲线图

3 应用效果评价

通过产能设计一步到位、配电箱升级改造和换新，间抽覆盖率逐年提高，目前主要以不停机间抽为主。截至 2024 年，不停机间抽油井达到 2281 口，占间抽油井比例的 97.0%，节电率

20.2%。不停机间抽技术能够方便间抽油井制度调整，避免长期关井卡泵，减少地面设备冲击，减少人工启停工作。摇摆运行与整周运行的组合模式消除了负功影响，运行电流下降，年举升耗电量由 $1.02×10^4$ kW·h 下降到 $0.86×10^4$ kW·h，降幅为 15.7%；抽油机井系统效率由 9.82% 提高到 13.10%，提高 3.28 个百分点（表2）。

表2　2017—2024 年抽油机井系统效率统计表

年份	2017	2018	2019	2020	2021	2022	2023	2024
系统效率（%）	9.82	10.78	11.03	11.47	12.20	12.58	13.00	13.10

4 结　论

（1）不停机间抽采油技术适用于低渗透油田，降低了抽油机杆、管、泵、电动机各机械部件的磨损，延长了抽油机使用寿命，能够有效降低工人劳动强度，避免因长时间停机造成卡泵、液面波动大、系统过载、启动困难、冬季冻井口等问题。

（2）不停机间抽技术推广已成为节能降耗的有效治理手段。在油井间抽制度指导模板的制定过程中，有针对性地做了验证试验，现场试验后油井产液量稳定，耗电量下降。不停机间抽技术已比较成熟，能促进低渗透油田提质增效。

（3）不停机间抽油井试验数据在理论研究和现场试验过程中，主要依赖简易液面仪器和系统效率仪器进行测试，数据精度低，缺乏对井下工况的实时监测。下一步计划采用实时监测液面和能耗的仪器，精准判断井下工况，进一步深挖低效井节电潜力。

参考文献

[1] 董子明．外围油田井口智能间歇抽油技术应用［J］．石油石化节能，2014，4（6）：15-17．

[2] 苗国晶，张传绪．大庆外围低渗透油田间歇采油制度优化方法研究［J］．石油钻采工艺，2012，34（2）：62-65．

[3] 刘宝．间抽技术在海拉尔油田采油工程方案中的应用［G］//大庆油田有限责任公司采油工程研究院．采油工程 2019 年第 3 辑．北京：石油工业出版社，2019：74-77．

[4] 戚兴，孙书晶，胡俊卿，等．低产低效井综合提效技术实践［G］//大庆油田有限责任公司采油工程研究院．采油工程 2021 年第 3 辑．北京：石油工业出版社，2021：46-51．

[5] 刘金亮．抽油机井不停机间抽制度优化分析［J］．石油石化节能与计量，2024，14（6）：66-70．

[6] 李健．不停机间抽井合理间抽制度研究［J］．中外能源，2020，25（1）：61-64．

[7] 刘涛，张岩，辛宏，等．低液量油井不停机间抽优化技术现场试验［J］．石油石化节能，2018，8（1）：1-3，6．

（编辑：李璇）

高黏度斜井抽油机载荷计算模型研究

许永辉

(大庆油田有限责任公司第十采油厂)

摘　要：目前抽油机传统载荷计算模型不能满足大庆外围低渗透油田的需要，因此开展了高黏度斜井抽油机载荷计算模型研究。通过分析井斜角和黏度对载荷的影响，在对抽油杆柱进行受力分析的基础上，采用微元法计算抽油杆柱载荷，应用大数据统计回归法对载荷计算模型进行修正，优化得到高黏度斜井抽油机载荷计算模型，并开展模型应用。在 B 区块应用 30 口采油井，载荷误差为 -2.6%；在 C 区块应用 10 口采油井，载荷误差为 -2.0%；40 口采油井投产后生产合理，其抽油设备安全高效运行。该模型为大庆外围低渗透油田高黏度斜井抽油机载荷计算提供了依据。

关键词：载荷计算模型；抽油机；斜井；高黏度；实测载荷

抽油机在不同抽汲参数下工作时，悬点所承受的载荷是选择抽油设备和分析抽油设备工作状况的重要依据[1]。同时抽油机悬点载荷也是标志举升设备工作能力的重要参数之一[2]。通过对井下悬点载荷的计算，可以有效判断井下管柱是否与举升要求相符[3-4]。因此，需要对抽油机悬点载荷及其变化规律进行有效计算。

在进行抽油机选型设计时，常常采用适用于常规稀油、中深低速井的传统载荷计算模型，忽略了摩擦载荷的影响。然而，一方面，随着油田开发区块丛式井建设，采油井多为斜井。斜井井身结构更复杂，抽油杆柱受力情况也更复杂[5]。受井斜角等因素的影响，杆管偏磨严重。为缓解偏磨，在抽油杆上普遍安装了扶正器，安装扶正器后增加了流动阻力和摩擦力，从而影响了悬点载荷。另一方面，随着大型压裂的开展，采出液黏度增大，对抽油杆柱造成的黏滞摩擦载荷变大[6]，对悬点载荷影响程度也增大。对于这类高黏度斜井，采用传统载荷计算模型，难以对抽油机悬点载荷进行准确计算和预测[7]，因此，需要开展高黏度斜井抽油机载荷计算模型研究。

1 井斜角对载荷的影响

大庆外围低渗透油田多采用丛式平台井生产，采油井多为斜井。受井斜角影响，杆管偏磨严重，抽油杆上普遍下扶正器以缓解偏磨现象。但下入扶正器后，减小了流体在油管中的过流面积，增加了流动阻力，同时扶正器与油管内壁之间也会产生摩擦力，从而影响了悬点载荷。

通过 3 个区块 60 口井抽油机理论计算载荷（计算时忽略了摩擦载荷的影响）和实测载荷对比，分析井斜角对抽油机载荷误差影响如表 1 所示。载荷误差大于 10% 井有 33 口，占比 55.0%。随着井斜角的增大，载荷误差大于 10% 井占比增大。分析认为，井斜角大于 10°时，井斜角越大，造斜点位置离井口距离越近，抽油杆所受综合拉力就越大，对抽油机的悬点载荷影响越大。

作者简介：许永辉，1983 年生，男，工程师，现主要从事抽油机管理和作业管理工作。
邮箱：xuyonghui10@petrochina.com.cn。

表1 井斜角对抽油机载荷误差影响情况表

井斜角（°）	统计井数（口）	载荷误差小于10%井数（口）	载荷误差大于10%井数（口）	载荷误差大于10%井占比（%）
3°~10°	25	17	8	32.0
10°~20°	26	8	18	69.2
>20°	9	2	7	77.8
合计	60	27	33	55.0

2 黏度对载荷的影响

大庆外围低渗透油田采油井多采用大型压裂投产，压裂过程中向地层注入大量携砂液，致使采出液黏度升高，流动性变差。采出液黏度增大导致抽油杆上行、下行和泵阀摩阻增大，采出液摩擦力也随着增大。采出液黏度大的采油井中，影响摩擦力的因素十分复杂，例如杆柱与油管的偏心、杆柱速度与采出液流速在采油井深度方向上的变化、采出液黏度在油井深度方向上的变化等。分析 A 区块采油井原油黏度，黏度最高达 66.8mPa·s。因此，不能忽略采出液黏度对载荷的影响。

通过数值模拟得出不同黏度的原油流过不同管径单位长度环空管段的摩擦载荷随黏度变化曲线，如图1所示。在管径不变的情况下，抽油杆下行与原油发生相对运动，产生的黏滞载荷是线性的，摩擦载荷随着黏度的增大而线性增大。对于不同的管径，摩擦载荷随着黏度增大的速率不同。管径越大，曲线的斜率越低，摩擦载荷增长越慢。因此，在原油黏度变化比较大的采油井生产中，为了降低原油黏度对抽油设备的影响，尽量采用管径较大的抽油管。

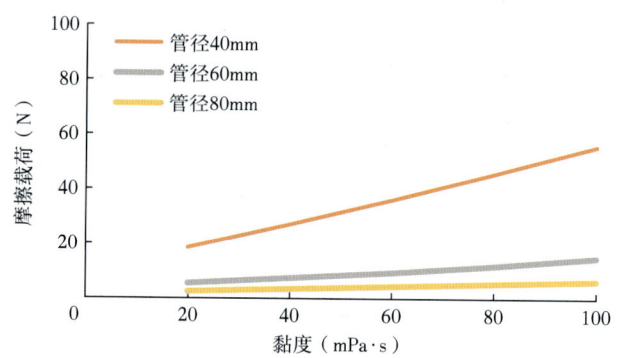

图1 摩擦载荷随黏度变化曲线图

通过5个区块65口井抽油机理论计算载荷（计算时忽略了摩擦载荷的影响）和实测载荷对比，黏度对抽油机载荷误差影响如表2所示。载荷误差大于10%的井有35口，占比53.8%。当地层原油黏度大于20mPa·s时，载荷误差大于10%的井数占比达71.4%。说明原油黏度越大，产生的黏滞载荷也越大，对抽油机的悬点载荷影响越大。表明忽略了摩擦载荷的计算模型不适用于原油黏度大的采油井。

表2 黏度对抽油机载荷误差影响情况表

原油黏度（mPa·s）	统计井数（口）	载荷误差小于10%的井数（口）	载荷误差大于10%的井数（口）	载荷误差大于10%的井数占比（%）
≤20	30	20	10	33.3
>20	35	10	25	71.4
合计	65	30	35	53.8

3 载荷计算模型建立

3.1 抽油杆柱受力分析

采油井工作时，抽油杆柱在油管内做上、下往复运动。对斜井抽油杆柱在上、下冲程中的受力状况进行分析，如图2所示。抽油杆柱主要受到静载荷、动载荷、摩擦载荷这几种载荷作用。

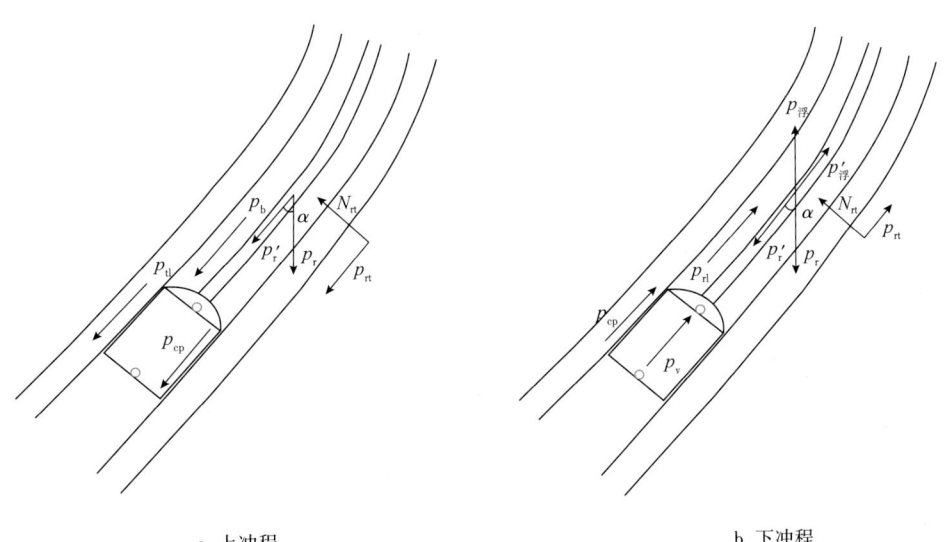

图 2　高黏度斜井中抽油杆柱受力分析图

p_b—液柱载荷；p_r—抽油杆柱的重力；p_r'—抽油杆柱在混合液中沿井斜方向的受力；α—井斜角；p_{tl}—液柱与油管间的摩擦力；p_{cp}—柱塞与衬套间的摩擦力；p_{rt}—抽油杆柱与油管间的摩擦力；N_{rt}—井筒对抽油杆柱的径向支反力；$p_浮$—抽油杆柱沿垂直方向浮力；$p_浮'$—抽油杆柱沿井径方向浮力；p_v—液体流过游动阀的摩擦阻力；p_{rl}—液柱与抽油杆柱间的摩擦力

3.1.1　静载荷

（1）抽油杆柱的重力 p_r：重力载荷沿整个抽油杆柱均匀分布，在上、下冲程中均存在，方向垂直向下。

（2）抽油杆柱所受浮力 $p_浮$：下冲程中抽油杆柱受油管内液体浮力的作用，方向与重力方向相反，垂直向上，大小根据浮力定律计算。

（3）液柱载荷 p_b：液柱载荷在上冲程时，由于游动阀关闭，因此集中作用于柱塞上，与抽油杆柱的运动方向相反，方向向下。下冲程时，该载荷为零。

3.1.2　动载荷

抽油杆柱所受的动载荷主要是由抽油杆柱的非匀速运动引起的，包括惯性载荷和振动载荷。

（1）惯性载荷。

若忽略抽油杆柱和液柱的弹性影响，抽油杆柱所受的惯性载荷与杆柱和液柱的质量有关，其大小与悬点载荷的大小成正比，方向与加速度的方向相反。由于悬点载荷加速度在上、下冲程中大小和方向是变化的，因此惯性载荷的大小和方向也随之变化。

（2）振动载荷。

抽油杆柱是长达数千米的具有弹性的细长杆，因此它在运动过程中不可避免地会伴随有振动。振动载荷的大小和方向也是变化的，大小与抽油杆柱的长度、载荷变化周期及抽油机的结构相关。根据现场经验，当抽油机冲次较低时，振动载荷一般可忽略不计。

3.1.3　摩擦载荷

在直井中，无论是稠油还是稀油，摩擦载荷由于数值较小，常常忽略。但是对于高黏度斜井，摩擦载荷的值大大增加，无法忽略。抽油机在工作过程中受到的摩擦载荷主要包括机械摩擦载荷和液体摩擦载荷两部分，方向均与抽油杆柱的运动方向相反。

（1）机械摩擦载荷。

机械摩擦载荷主要有抽油杆柱与油管之间的摩擦力 p_{rt}，柱塞与衬套间的摩擦力 p_{cp}，其大小根据摩擦定律进行计算得出。

（2）液体摩擦载荷。

液体摩擦载荷在上、下冲程时各不相同。主要有液柱与抽油杆柱间的摩擦力 p_{rl}、液柱与油管间的摩擦力 p_{tl} 及液体流过游动阀的摩擦阻力 p_v。在稠油井载荷计算中，必须考虑由液体摩擦所引起的摩擦载荷。

3.2 微元法计算斜井抽油杆柱载荷

斜井井眼轨迹为一条三维空间曲线,抽油杆柱的受力情况较为复杂,在抽油杆柱受力计算的基础上,通过分段迭代法对斜井中抽油杆柱任意点的轴向载荷进行计算。若要得到杆柱任意点的载荷,首先要求出抽油杆柱最下端的轴向载荷。

3.2.1 抽油杆柱最下端载荷

以沿抽油杆轴线方向向下为正方向,计算抽油杆柱最下端的轴向载荷。

(1)上冲程:抽油杆柱最下端受到柱塞与衬套间的摩擦力、作用在柱塞上的液柱载荷以及吸入压力对柱塞底部产生向上的作用力,则上冲程时抽油杆柱最下端的载荷 p_{Oup} 公式为:

$$p_{\text{Oup}} = p_{\text{cp}} + H_v \rho_1 g (f_p - f_r) - (\rho_1 g H_s - \Delta p_i) f_p \quad (1)$$

式中 p_{Oup}——上冲程时抽油杆柱最下端的载荷,N;

p_{cp}——泵柱塞与衬套间的摩擦力,N;

H_v——泵的垂深,m;

ρ_1——液体的密度,kg/m³;

g——重力加速度,N/kg;

f_p——泵柱塞截面积,m²;

f_r——与泵柱塞相连的抽油杆柱截面积,m²;

H_s——泵的沉没度,m;

Δp_i——液体流过泵入口设备产生的压力降,Pa。

(2)下冲程:抽油杆柱最下端主要受到柱塞与衬套间的摩擦力,以及液体通过游动阀产生的阻力的作用,则下冲程时抽油杆柱最下端的载荷 p_{Odown} 公式为:

$$p_{\text{Odown}} = -p_{\text{cp}} - p_v - p_{\text{浮}} \quad (2)$$

式中 p_{Odown}——下冲程时抽油杆柱最下端载荷,N;

p_v——液体流过游动阀的摩擦阻力,N;

$p_{\text{浮}}$——抽油杆柱沿垂直方向浮力,N。

将抽油杆柱自下而上分为若干段(0,Ⅰ,Ⅱ,…,n段),受力分析如图3所示。对任意杆柱段进行载荷计算,则抽油杆柱在 $i+1$ 点的轴向力 p_{i+1} 可以用 p_i 表示为:

$$p_{i+1} = p_i + p_{rti} + p_{rli} + p_{tli} + p_{\text{惯}i} + p_{ri} \cos \frac{\alpha_{i+1} + \alpha_i}{2} \quad (3)$$

式中 p_{i+1}——抽油杆柱在 $i+1$ 点的轴向力,N;

p_i——抽油杆柱在 i 点的轴向力,N;

p_{rti}——扶正器与油管间的摩擦力,N;

p_{rli}——液体与抽油杆柱间的摩擦力,N;

p_{tli}——液柱与油管间的摩擦力,N;

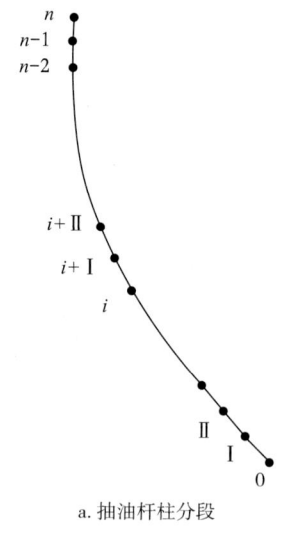
a. 抽油杆柱分段

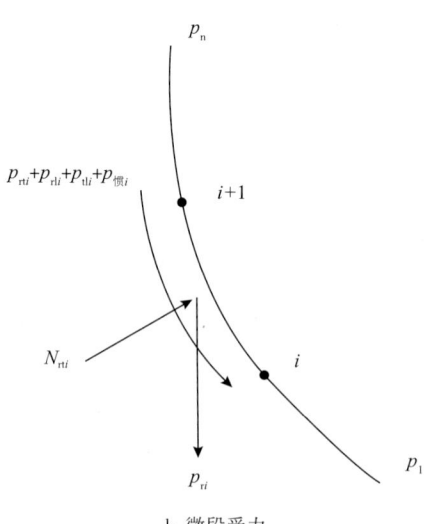
b. 微段受力

图3 抽油杆柱微段受力分析示意图

p_1—抽油杆柱最下端的轴向力;p_n—抽油杆柱最上端的轴向力;p_{ri}—抽油杆柱所受重力;p_{rti}—扶正器与油管间的摩擦力;p_{rli}—液体与抽油杆柱间的摩擦力;p_{tli}—液柱与油管间的摩擦力;$p_{\text{惯}i}$—抽油杆柱与液柱运动产生的惯性载荷;N_{rti}—井筒对抽油杆柱的径向支反力

$p_{惯i}$——抽油杆柱与液柱运动产生的惯性载荷，N；

p_{ri}——抽油杆柱所受重力，N；

α_{i+1}——杆柱 $i+1$ 点的井斜角，（°）；

α_i——杆柱 i 点的井斜角，（°）。

3.2.2 抽油杆柱任意点载荷

对于抽油杆柱上任意点的载荷计算，分为以下几个步骤：

步骤一，根据公式（1）及公式（2）计算出抽油杆柱最下端，即 $i=0$ 点的轴向力。

步骤二，将所求点到杆柱最下端的抽油杆柱分为 n 等份，则可以得到 n 个节点。根据公式（3）从杆柱最下端开始向上逐个节点的计算其轴向载荷，直到算到所要求的点。

步骤三，当所求点在抽油杆柱的变径处时，应在轴向力上叠加一个静压力 p_{li} 的作用，如图4所示。

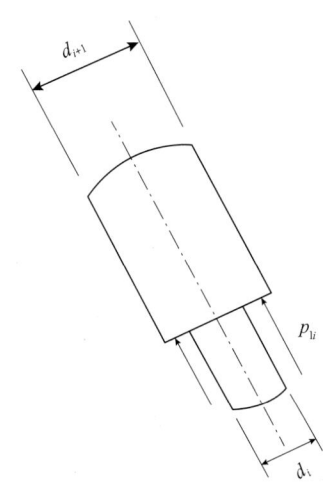

图4 变径处杆柱受静压力示意图

p_{li}—抽油杆柱的静压力；d_i—抽油杆柱变径前直径；

d_{i+1}—抽油杆柱变径后直径

$$p_{li} = \rho_l g L_i (A_{ri+1} - A_{ri}) \cos\alpha \quad (4)$$

式中 p_{li}——抽油杆柱的静压力，N；

L_i——第 i 级抽油杆柱的长度，m；

A_{ri+1}——第 $i+1$ 级杆的杆柱横截面积，m^2；

A_{ri}——第 i 级杆的杆柱横截面积，m^2；

α——井斜角，（°）。

将公式（3）修正为：

$$p_{i+1} = p_i - p_{li} \quad (5)$$

3.2.3 最大载荷和最小载荷

抽油杆柱所受载荷在上冲程时出现最大值，下冲程出现最小值。最大载荷表示为：

$$p_{\max} = p_i + p_{rti} + p_{tli} + p_{惯i} + p_{ri}\cos\alpha_i \quad (6)$$

式中 $p_{\max}$——最大载荷，N。

最小载荷表示为：

$$p_{\min} = p_i - p_{rti} - p_{rli} - p_{惯i} + p_{ri}\cos\alpha_i \quad (7)$$

式中 $p_{\min}$——最小载荷，N。

3.3 载荷计算模型优化

为了使上面得到的高黏度斜井的最大载荷、最小载荷计算更方便，根据现场测试数据，应用大数据统计回归法对计算模型进行修正，优化得到下面计算模型，使其更具科学性和可操作性。

$$p_{\max} = 1.05 \times (p_{杆} + p_{液})\left(1 + \frac{SN}{137}\right) \quad (8)$$

式中 $p_{杆}$——抽油杆柱在空气中的重力，N；

$p_{液}$——液注载荷，N；

S——冲程，m；

N——冲次，$\min^{-1}$；

$$p_{\min} = 0.85 \times \left(p'_{杆} - p_{杆}\frac{SN}{137}\right) \quad (9)$$

式中 $p'_{杆}$——抽油杆柱在混合液中的重力，N。

4 载荷计算模型应用

B、C区块均采用大型压裂投产，平均最大井斜角分别为21.63°和33.25°，在设备选型和载荷计算时须考虑黏度和井斜角的影响。在两区块应用载荷计算模型40口井，计算最大载荷与实测最大载荷对比情况如表3、表4所示。

B区块应用载荷计算模型30口井，计算最大载荷平均值为60.38kN，实测最大载荷平均值为61.76kN，载荷误差为-2.6%。C区块应用载荷计算模型10口井，计算最大载荷平均值为82.22kN，实测最大载荷平均值为83.62kN，载荷误差为-2.0%。

表3 B区块计算最大载荷与实测最大载荷对比表

序号	井号	最大井斜角（°）	计算最大载荷（kN）	实测最大载荷（kN）	载荷误差（%）	序号	井号	最大井斜角（°）	计算最大载荷（kN）	实测最大载荷（kN）	载荷误差（%）
1	B1	17.76	60.25	63.21	-4.9	16	B16	22.96	59.12	61.63	-4.3
2	B2	8.36	50.45	49.61	1.7	17	B17	33.73	53.20	48.68	8.5
3	B3	24.86	56.28	59.12	-5.0	18	B18	14.59	49.83	52.42	-5.2
4	B4	12.03	48.68	53.02	-8.9	19	B19	24.45	52.61	57.58	-9.4
5	B5	30.11	56.64	55.29	2.4	20	B20	23.63	55.49	59.24	-6.8
6	B6	23.34	56.11	59.36	-5.8	21	B21	34.88	82.45	79.71	3.3
7	B7	17.93	49.68	55.32	-11.4	22	B22	30.09	79.04	78.52	0.7
8	B8	19.09	52.36	51.14	2.3	23	B23	30.27	78.07	76.05	2.6
9	B9	23.73	48.00	52.13	-8.6	24	B24	22.89	75.01	77.14	-2.8
10	B10	18.63	51.51	54.26	-5.3	25	B25	14.20	74.74	76.54	-2.4
11	B11	29.54	49.50	52.50	-6.1	26	B26	28.53	75.05	77.85	-3.7
12	B12	20.80	49.61	53.39	-7.6	27	B27	2.78	69.11	70.80	-2.4
13	B13	25.05	54.30	54.77	-0.9	28	B28	14.50	58.81	54.96	6.5
14	B14	15.93	54.66	57.85	-5.8	29	B29	23.27	74.05	73.09	1.3
15	B15	13.54	65.99	64.58	2.1	30	B30	27.51	70.90	73.09	-3.1
平均								21.63	60.38	61.76	-2.6

注：实测最大载荷为前3个月平均值。

表4 C区块计算最大载荷与实测最大载荷对比表

序号	井号	最大井斜角（°）	计算最大载荷（kN）	实测最大载荷（kN）	载荷误差（%）
1	C1	35.14	80.61	77.79	3.5
2	C2	35.65	83.90	89.26	-6.4
3	C3	42.44	88.97	85.55	3.8
4	C4	20.24	72.09	78.59	-9.0
5	C5	41.29	91.11	88.95	2.4
6	C6	29.41	69.70	73.37	-5.3
7	C7	18.97	78.30	76.35	2.5
8	C8	29.87	74.92	80.56	-7.5
9	C9	39.67	94.68	90.17	4.8
10	C10	39.83	87.95	95.65	-8.8
平均		33.25	82.22	83.62	-2.0

注：实测最大载荷为前3个月平均值。

5 结 论

(1) 当井斜角大于10°、地层原油黏度大于20mPa·s时,须考虑井斜角和黏度对抽油机悬点载荷的影响,此时摩擦载荷不能忽略。

(2) 采用微元法计算抽油杆柱载荷,应用大数据统计回归法对载荷对比修正,优化得到的高黏度斜井抽油机载荷计算模型更具科学性和可操作性。

(3) 应用高黏度斜井载荷计算模型指导两个区块投产40口井,投产后,计算最大载荷与实测最大载荷很接近,表明建立的模型计算载荷准确性高,指导抽油机选型设计合理。

(4) 在应用高黏度斜井载荷计算模型时,仍存在少数井计算最大载荷与实测最大载荷误差偏大,因此还需探索更多因素对抽油机悬点载荷的影响。

参考文献

[1] 万仁溥,吴奇,陈宪侃,等. 采油工程手册(精要本)[M]. 北京:石油工业出版社,2003:137-213.

[2] 张琪. 采油工程原理与设计[M]. 东营:中国石油大学出版社,2000:100-130.

[3] 徐广天,李健. 降低抽油机井杆柱载荷技术组合[G]//大庆油田有限责任公司采油工程研究院. 采油工程文集2018年第2辑. 北京:石油工业出版社,2018:61-64.

[4] 张晓娟,徐广天,祝英俊,等. 塔架式抽油机降载技术应用探讨[G]//大庆油田有限责任公司采油工艺研究院. 采油工程2024年第1辑. 北京:石油工业出版社,2024:32-37.

[5] 磨向阳. 定向井抽油杆柱受力分析及寿命预测[D]. 西安:西安石油大学,2024.

[6] 梁乐才. 稠油井抽油杆载荷及其影响因素分析[D]. 北京:中国石油大学(北京),2016.

[7] 崔文昊,赵春,樊松,等. 长庆低渗透油田定向井抽油机悬点载荷计算方法优化[J]. 钻采工艺,2013,36(1):67-69.

(编辑:张德兰)

永磁半直驱同步电动机在低渗透油田的应用

王雨霞

（大庆油田有限责任公司第十采油厂）

摘 要：为了提高低渗透油田举升系统效率、降低吨液耗电，开展了永磁半直驱同步电动机在低渗透油田的应用研究。通过对永磁半直驱同步电动机工作原理及技术特点的研究，对其在低渗透油田的冲次要求及不停机间抽适应性进行了分析。结果表明，安装永磁半直驱同步电动机后，抽油机可由工频转换到变频状态实现节能；结合同步变频配电箱和同步电动机，2024 年现场试验 70 口井，其中 10 口井应用永磁半直驱同步电动机后综合节电率为 21%，系统效率提高了 1.6 个百分点；针对特低产低冲次井，采取"降冲次+间抽"组合应用模式运行后，平均节电率为 28.1%。该技术能够满足低渗透油田低冲次、不停机间抽等生产需求，应用前景广阔。

关键词：游梁式抽油机；永磁半直驱；电动机；节能；系统效率；无级调节

随着全球能源需求持续攀升和环保意识的提升，石油高效开采变得愈发关键。为进一步降低抽油机井能耗，实现抽油机井高效运行，推进低碳绿色发展，永磁半直驱同步电动机作为一种创新性设备，取消了抽油机皮带传动装置，在一定程度上解决了传统游梁式抽油机系统效率低、能耗大等问题[1-2]。近几年，该电动机在国内部分油田推广应用，节能效果显著，大幅提升了抽油机综合性能，降低了成本与维护难度，能很好地适应不同工况。由于 A 油田 B 区块抽油机井能耗高、效率低，因此，引进永磁半直驱同步电动机，探索永磁半直驱同步电动机在低渗透油田的应用模式。

1 结构组成与工作原理

永磁半直驱同步电动机由控制箱、电动机、连接及支撑系统等组成，直接安装于减速箱之上，不存在皮带、齿轮等传动机构。

1.1 永磁半直驱同步电动机结构

低转速、大扭矩永磁半直驱同步电动机替代传统的皮带传动结构，安装在抽油机减速箱大皮带轮上，安装位置较高，与减速箱输入轴直联驱动抽油机运行，电动机额定功率为 11~75kW，转速稳定、过载能力高，能够避免出现滑差现象，并且负载加大不会丢转[3]。

该电动机调速传动系统主要采用性能稳定的矢量控制，可通过调整电动机频率实现无级调速，且在允许范围内任意调节冲次，电动机软启动对电网冲击小，其全封闭自然冷却散热的结构，高效节能、安全可靠。

1.2 配套控制部分

永磁半直驱同步电动机配套控制部分采用智能功率模块构成主电路，具有通用、紧凑的结构；电动机控制外围集成电路，实时运算能力更为强劲；对抽油机设备运行参数进行智能化分析控制，设备运行平稳顺畅，安全节能，适用于对控制器性能及体积等多方面要求较高的现场。

主要工作原理：（1）主断路器，当负载出现过载或短路时，具有自动切断输入总电源的功能。在检修配电箱及相关设备时，断开主断路器，以免发生安全隐患。（2）变频器，接收工作指令并

作者简介：王雨霞，1993 年生，女，工程师，现主要从事机采节能现场管理工作。
邮箱：wangyx8@petrochina.com.cn。

加以执行，进而实现节能、软启动、过流过压保护、无级调整冲次及电动机调速等功能。（3）交流接触器，与保护器启动按钮、停止按钮配合，控制主回路电源与负载电动机之间的通断，保证负载正常运行与停止。

2 技术特点及适应性分析

2.1 技术特点

永磁半直驱同步电动机与常规电动机技术参数对比如表1所示。

表1 永磁半直驱同步电动机与常规电动机技术参数对比表

类别	设计极数	额定转速	噪声分贝（dB）	额定转矩	皮带	传动装置	内外径公差
永磁半直驱同步电动机	大直径、扁平超薄型结构，35~65极，高极数，低速运转平稳	转速调节可通过变频器实现10~300 r/min，可调整冲次，小振动，低噪声	28	低速转矩大，调速范围广，过载能力强	直接驱动减速箱运转，消除了皮带传动损耗	全密封结构，内置传动装置，完全防止外物侵入，无机械伤害	公差匹配，无摆动，无松框、窜轴现象
常规电动机	5~13极，低极数，高速运转，电动机温度高	500~980 r/min，高速，振动大，高噪声	78	转速高，过载能力弱	存在皮带传动损耗	皮带轮与皮带都是外置传动，易被外物侵入，存在机械伤害	不受游梁式抽油机减速箱窜轴问题的影响

永磁半直驱同步电动机具有以下特点：

（1）抽油机冲次可通过永磁半直驱同步电动机配电箱操作面板来调节，最低冲次可达到0.1次/min（该装置矢量控制的频率范围是0~200Hz）。

（2）可简易锁定调参电位器，防止误调参。

（3）可实现抽油机井在一个抽汲周期中上冲程速度快、下冲程速度慢的目的，从而降低抽油杆柱的下行阻力，起到减缓杆管偏磨的作用，同时能提高泵桶的充满程度，增加抽油机井产液量。

（4）永磁半直驱同步电动机具有独特的结构设计，将电动机直接与抽油机的减速机同轴连接，省掉了皮带减速机构及皮带传动损耗，不仅降低初期购置成本及后期维护成本，还避免运行期间由于天气等因素出现皮带打滑、丢转及烧皮带等导致抽油机机械传动效率降低的情况。由高性能稀土材料提供永磁半直驱同步电动机励磁磁场，系统效率提升，综合节电率不小于20%[4-5]。

（5）永磁半直驱同步电动机采用异步启动，使得转子转速与定子旋转磁场完全同步，无转差损耗。转子不需要外加励磁电源，消除了励磁损耗，具有起动力矩大、过载能力强等优点[6]。

（6）电动机启动转矩大，平衡块可以在任何位置启动和停机，运行平稳，并可减少洗井次数。

（7）永磁半直驱同步电动机呈全密封结构，内部设有传动装置，既能够防止外物侵入，又可避免产生废旧皮带，不存在皮带伤人的隐患。

2.2 在低渗透油田的适应性分析

A油田B区块属于低渗透裂缝性储层，原始地层饱和压力为4.8MPa，原始地层压力为9.9 MPa，平均孔隙度为16.0%，平均渗透率为8.6mD，平均有效厚度为8.9m。目前该油田在用抽油机中54.6%的抽油机井平均单井日产液量低于1.5t，且低产井数量逐年增加。

2.2.1 对冲次要求的适应性

由于多种因素的影响，抽油机井的实际产液量一般远低于抽油泵的理论排量，即泵效总是小于100%，正常情况下一般在20%~70%之间。低渗透油田泵效较低、原油黏度高、物性差，适合应用长冲程、低冲次方式生产。由于普通游梁式抽油机受电动机和减速比的限制，抽油机参数与低渗透抽油机井产液量不能合理匹配，常规电动机自身局限性导致部分抽油机井在目前现场条件下进一步下调冲次的难度较大。现场即使采取最低冲次生产，抽油机井泵效仍然较低。油管、抽油杆、抽油泵磨损较严重，能耗较高，不仅降低设备使用寿命，还增加了作业工作量和成本[7-8]。

永磁半直驱同步电动机调速传动系统主要采用性能稳定的矢量控制，可通过调整电动机频率实现无级调速，降低抽油机电动机的转速，在满足日常测试工作的前提下，可在较大转速范围内保持恒定扭矩、高电机效率，其转速—扭矩数字模拟如图1、图2所示。不受电动机和减速比限制，冲次最低能达到0.1次/min，可配合工作参数优化或间抽，从根本上解决低产井参数下调困难的问题，使抽油机参数能与低渗透区块抽油机井产液量合理匹配，成为抽油机降冲次应用的有力措施，并满足油田生产需求。

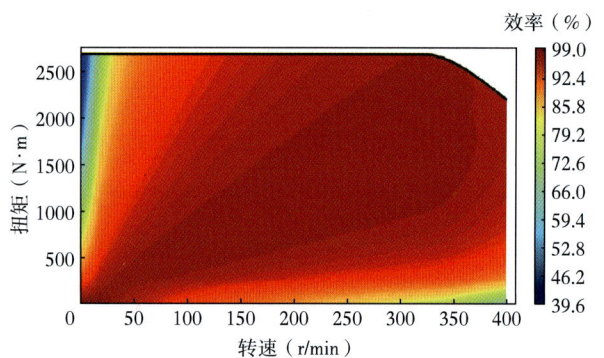

图1 永磁半直驱同步电动机转速—扭矩—效率图

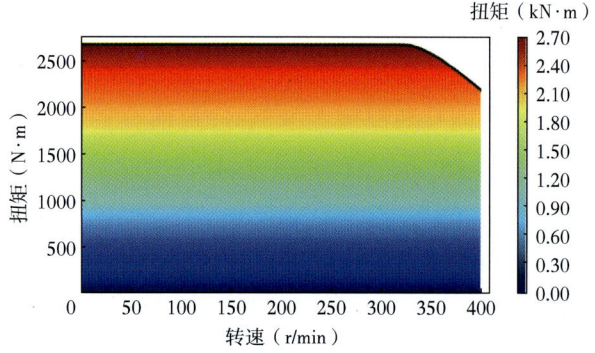

图2 永磁半直驱同步电动机转速—扭矩图

B区块部分抽油机井安装永磁半直驱同步电动机后，现场选取两口井测试示功图。X1井日产液量为1.4t，冲次在1次/min以上示功图不足，下调冲次到0.9次/min时，示功图测试异常，无法出图；X2井日产液量为0.9t，冲次在1次/min以上示功图不足，下调冲次到0.9次/min时，示功图测试异常，无法出图。这2口抽油机井冲次下调试验表明，在满足日常测试工作的前提下，抽油机井下调冲次的极限是1次/min，相比传统三相异步电动机，永磁半直驱同步电动机拓展了采油井冲次下调空间，实现了低产液井供排关系的进一步优化。

2.2.2 对不停机间抽运行的适应性

在现有永磁半直驱同步电动机多功能变频控制的基础上，通过增加曲柄位置传感器、驴头摆动控制模块及相关控制软件升级，使其具备间抽功能。日产液量小于1t的抽油机井冲次下调到1次/min后泵效依然低于25%，而应用永磁半直驱同步电动机可实现"降冲次+间抽"组合应用模式，适应范围更广。

3 现场应用

3.1 不同状态节能效果对比

为评价永磁半直驱同步电动机在2种运行状态下的节能效果，在新安装的设备进行节能效果对比，从中选取7口日产液量和供液能力相当、生产参数相同的抽油机井进行对比，结果如表2所示。安装永磁半直驱同步电动机后，由工频转换到变频状态，平均单井消耗功率下降了1.22kW，日节电量为29.28kW·h，有功节电率为37.78%。从试验数据可以看出，抽油机井在抽汲参数不变的情况下，由工频转换到变频状态，具有一定的节能效果。

表2 抽油机工频转换为变频状态下应用效果对比表

运行状态	频率（Hz）	冲次（次/min）	平均单井日产液量（t）	平均单井消耗功率（kW）	平均单井系统效率（%）	平均单井日耗电量（kW·h）
工频	50	4	3.04	3.23	9.46	77.52
变频	30	4	3.01	2.01	13.85	48.24
差值	-20	0	-0.03	-1.22	4.39	-29.28

3.2 满足低冲次生产需要

现场部分抽油机井受现有设备限制，无法进一步调整参数。应用永磁半直驱同步电动机，通过采用同步变频配电箱和同步电动机，调整电动机频率来改变冲次，有效解决低产井低冲次的问题，且保证设备平稳运行。

2024年，在B区块应用永磁半直驱同步电动机开展试验70口井，全部示功图正常。统计70口井平均泵效为40.1%，以此为标准，按照40%的泵效下限制定了永磁半直驱同步电动机调参模板（表3），确定了日产液量大于1t抽油机井的适用冲次区间。

表3 永磁半直驱同步电动机调参模板表

日产液量 (t)	不同冲次下泵效（%）						
	1次/min	1.5次/min	2次/min	2.5次/min	3次/min	3.5次/min	4次/min
≤1	≤24.5	≤16.3	≤12.3	≤9.8	≤8.2	≤7.0	≤6.1
1~2	24.5~49.0	16.3~32.7	12.3~24.5	9.8~19.6	8.2~16.3	7.0~14.0	6.1~12.3
2~3	49.0~73.5	32.7~49.0	24.5~36.8	19.6~29.4	16.3~24.5	14.0~21.0	12.3~18.4
3~4	73.5~98.0	49.0~65.3	36.8~49.0	29.4~39.2	24.5~32.7	21.0~28.0	18.4~24.5
4~5	-	65.3~81.7	49.0~61.3	39.2~49.0	32.7~40.8	28.0~35.0	24.5~30.6
>5	-	>81.7	>61.3	>49.0	>40.8	>35.0	>30.6

注：泵径为38mm，冲程为2.5m。

按日产液量在1t以下、1~2t、2~3t、3~4t、4~5t、5t以上6个级别，分组开展10口井的对比试验。抽油机为变频运行时，冲次下调0.5次/min，录取下调前后日产液量、消耗功率、系统效率等数据，抽油机井降低冲次前后应用效果对比如表4所示。平均单井消耗功率由2.33kW下降到1.88kW，下降了0.45kW，单井日节电量为10.80kW·h，有功节电率为21.0%。应用效果表明，在产液量不受影响的前提下，根据抽油机工作状况变化，适当改变其运行参数，能够实现抽油机载荷与冲次的合理匹配，提高设备利用率。

表4 抽油机井降低冲次前后应用效果对比表

运行状态	冲次（次/min）	日产液量（t）	消耗功率（kW）	系统效率（%）	日耗电量（kW·h）
变频	3.5	2.58	2.33	13.7	55.88
变频	3.0	2.47	1.88	15.3	45.08
差值	-0.5	-0.11	-0.45	1.6	-10.80

3.3 不停机间抽功能

随着抽油机井产液量的逐年下降，如果仍然采用传统的连续运行方式，单位电能采油量将越来越低。为了应对这种情况，利用永磁半直驱同步电动机的不停机间抽功能，结合单井生产实际对间抽制度进行设定，从而实现节能。抽油机按照周期性圆周运动与单摆运动相结合的方式运行，即：单摆运动期间，抽油杆在井下弹性伸缩，抽油泵柱塞保持静止；周期性圆周运动期间，井下抽油泵正常工作，实现原油举升。

对日产液量低于1t并且下调冲次到1次/min后，泵效依然处于25%以下的120口特低产低冲次井，采取"降冲次+间抽"组合应用模式运行，即当平均冲次下降至 1.5 次/min 后，结合间抽。间抽制度为抽油机按照周期性圆周运动运行 14.4h，单摆运动运行 9.6h。采用该组合应用模式后，平均泵效可以达到 40%，平均日节电量为 21.3kW·h，平均节电率为 28.1%。

4 结 论

（1）永磁半直驱同步电动机采用大直径、扁平超薄型结构，具有安全系数高、维护保养简单的优点，一定程度改善了抽油机减速机主动轴受力环境，消除了皮带轮径向力对减速机轴承的影响，提高了减速机的可靠性，操作简单、参数调整方便、安全系数高。

（2）永磁半直驱同步电动机在不停机的情况下，根据抽油机工况的变化情况，可根据频率（或冲次）实现冲次无级调整，解决了低渗透油田低产井地面参数下调困难的问题，并能实现电机冲次与抽油机载荷合理匹配，进而提高抽油机设备使用效率，节电效果明显。

（3）相比常规电动机，永磁半直驱电动机在满足日常生产需求的同时，日产液量大于 1t 的抽油机井通过降冲次运行可实现进一步提高节电效果，优化供排关系；日产液量在 1t 以下的抽油机井采取"降冲次+间抽"模式运行，实现节电效果最大化。

参考文献

[1] 刘玉龙. 抽油机井举升能耗影响因素统计分析 [G]//大庆油田有限责任公司采油工程研究院. 采油工程文集 2023 年第 2 辑. 北京：石油工业出版社，2023：29-33.

[2] 孙桐建. 低能耗机采系统优化设计技术应用效果分析 [G]//大庆油田有限责任公司采油工程研究院. 采油工程文集 2021 年第 4 辑. 北京：石油工业出版社，2021：38-42.

[3] 王荣久. 永磁半直驱电动机在萨北油田应用探讨 [J]. 石油天然气工业，2019，9（11）：1-4.

[4] 金鑫. 永磁半直驱技术在 T 油田的应用与认识 [J]. 石油天然气工业，2022，12（4）：37-41.

[5] 陈庆. 提高机采井系统效率的技术 [J]. 化学工程与装备，2023（3）：104-106.

[6] 徐达. 应用抽油机用永磁半直驱同步拖动装置效果分析 [J]. 石油石化节能，2019，9（5）：36-38.

[7] 史朝晖，胡会国，刘玉庆. 永磁同步电动机在油田抽油机中的应用与节能分析 [J]. 节能，2004（2）：22-24.

[8] 张建. 永磁电动机功率因数与能耗关系研究 [J]. 石油石化节能，2013，3（10）：11-13.

（编辑：孟思媛）

稠油区块低成本井筒维护技术研究与应用

王俊锋

（大庆油田有限责任公司第十采油厂）

摘 要：为解决朝阳沟油田 A 区块原油黏度高、稠油井结蜡严重、卡泵频繁、井下电加热降黏技术能耗大、成本高的问题，开展了稠油区块低成本井筒维护技术研究与应用。通过优选化学降黏剂、优化化学降黏剂注入量、改进点滴加注装置，将降黏剂连续、稳定地注入油套环空；对比 A 区块油样融蜡效果，开展稠油井高压热洗井温监测试验，优化热洗参数，达到全结蜡井段有效清蜡目的。现场维护 23 口稠油井井筒，平均单井月卡泵井次减少 4.3 井次，生产时率提高 15.8 个百分点。稠油区块低成本井筒维护技术能够保障稠油井正常生产，为稠油井井筒维护提供了新方法。

关键词：稠油；点滴化学降黏；融蜡温度；热洗井温监测；热洗参数优化

朝阳沟油田 A 区块于 2019 年投入开发，投产初期采用提捞采油方式进行开采，自 2022 年逐步转为抽油机举升开采，为典型的提捞转抽区块。该区块平均原油黏度为 64mPa·s，平均含蜡量为 28.4%，平均含胶量为 17.5%，平均凝点为 37.0℃。由于原油物性条件差，且长期保持低套压提捞生产，稠油井严重脱气，导致原油黏度增加；转抽油机举升生产后，稠油井频繁卡泵，严重影响生产时率。以往为了避免稠油井卡泵，主要应用井下电加热降黏技术进行井筒维护[1]，通过护槽及扎带将井下电加热带安装在油管壁上，利用电流加热油管内液体，起到了较好的防蜡降黏作用。但井下电加热降黏技术在应用过程中存在以下问题：一是应用井下电加热降黏技术需配合井下作业施工，技术应用的灵活性、便捷性较差，且井下电加热带的使用寿命受稠油井作业影响较大，起下管柱过程发生的磕碰、弯折、拉伸均有可能造成电加热带损毁，在冬季低温状态下进行起出作业时电加热带的损坏率超过 50%；二是井下电加热装置功率高，采取"运行 1 小时、停运 1 小时"的运行制度，日耗电量高达 216kW·h；三是应用井下电加热降黏技术一次性投入成本高，投入使用装置单价约为 17 万元/套。因此，急需研究一种新的工艺技术，降低井下电加热降黏技术的应用成本。为了满足稠油井降黏及清蜡需求，保障稠油井正常生产，开展了稠油区块低成本井筒维护技术研究与应用。稠油区块低成本井筒维护技术包括点滴化学降黏技术和高压热洗清蜡技术，将其结合应用代替传统电加热降黏技术。

1 点滴化学降黏技术

化学降黏技术是指通过向井筒内掺入化学降黏剂，与稠油发生化学变化进而改善原油的流动性[2]。与周期性、定量性的加药方式相比，采取点滴加注的加药方式，加药浓度更加稳定，能够较好满足稠油井长效降黏需求[3]。因此，从化学降黏剂优选、注入量优化、点滴加注装置改进三方面开展了点滴化学降黏技术的研究。

1.1 化学降黏剂优选

常用的化学降黏机理主要有乳化降黏、吸附降黏两种。前者通过加入水溶性表面活性剂使油

作者简介：王俊锋，1993 年生，男，工程师，现主要从事机采管理工作。
邮箱：546587444@qq.com。

包水型乳状液反转为水包油型乳状液,大大降低了原油黏度,提高了原油流动能力;后者是在油井中注入表面活性剂后改变油管、抽油杆的表面润湿性,在金属表面形成连续的亲水性水膜,降低原油在井筒中的流动阻力[4]。

为优选降黏效果较好的降黏剂,选取油田4种常用的降黏剂,利用恒温水浴锅和NDJ-5S旋转黏度计,测量50℃时A区块油样在4种降黏剂作用下的黏度。经室内实验,选择以聚氧乙烯基磺酸盐和多元醇聚氧乙烯聚氧丙烯醚为主剂复配而成的4号降黏剂,既能发挥乳化降黏作用又能发挥吸附降黏作用,当降黏剂质量浓度为0.6%时,降黏率能够达到47.3%,降黏效果优于其他3种降黏剂(表1)。

表1　4种降黏剂降黏率测定统计表

降黏剂型号	药剂主要成分	降黏率（%）		
		降黏剂质量浓度（0.2%）	降黏剂质量浓度（0.4%）	降黏剂质量浓度（0.6%）
1号	聚醚表面活性剂、甲醇	14.5	18.5	24.9
2号	多元醇、二甲苯	15.2	19.8	25.6
3号	椰子油脂肪酸二乙醇酰胺、甜菜碱	13.3	16.4	19.0
4号	聚氧乙烯基磺酸盐、多元醇聚氧乙烯聚氧丙烯醚	23.4	36.4	47.3

1.2 注入量优化

选取A区块6口稠油井,利用恒温水浴锅和NDJ-5S旋转黏度计,测量50℃时各井油样在不同降黏剂的质量浓度下的降黏率。经室内实验,在不同降黏剂的质量浓度下,6个油样降黏率如表2所示。由表可以看出,降黏剂质量浓度越高降黏率越大。降黏剂质量浓度为0.5%时降黏率能够达到40%以上,具有较好的降黏效果。当降黏剂质量浓度为0.5%时,通过计算得出,A区块稠油井不同日产液量的日注入降黏剂量如表3所示。

表2　6个油样在不同降黏剂质量浓度下降黏率统计表

样品采集稠油井井号	初始黏度（mPa·s）	降黏剂质量浓度（0.2%）		降黏剂质量浓度（0.5%）		降黏剂质量浓度（0.8%）	
		黏度（mPa·s）	降黏率（%）	黏度（mPa·s）	降黏率（%）	黏度（mPa·s）	降黏率（%）
B1	118	89	24.6	68	42.4	61	48.3
B2	66	51	22.7	35	47.0	33	50.0
B3	85	63	25.9	44	48.2	42	50.6
B4	94	72	23.4	53	43.6	48	48.5
B5	114	87	23.7	62	45.6	57	50.0
B6	107	79	26.2	59	44.9	54	49.5
平均	97	74	24.4	54	45.3	49	49.6

表3　A区块点滴化学降黏剂注入量设置参考值

日产液量（t）	日注入降黏剂量（kg）	月注入降黏剂量（kg）
<1	5	150
1~2	10	300
2~3	15	450
3~4	20	600
4~5	25	750

1.3 点滴加注装置改进

由于点滴加注装置在野外24h不间断运转,因此,在材料及设备选择时特别注重抗老化性能、承压能力、防腐蚀性能及耐久性。在泵注设备的选择上,设计采用了电动机驱动的高压柱塞泵替代以往简易的电动隔膜泵,承压能力从0.5MPa提升至 7MPa，满足 A 区块高套压井的泵注需求。高压柱塞泵的活塞表面覆盖金属镀层，能有效防止因腐蚀而导致的计量不准或无法加药问题，从而延长了泵的使用寿命。在储药罐选材方面，设计选用了适用于酸、碱及其他腐蚀性液体的大容量储药罐，可储存 1t 降黏剂，减少了补药频率。在管线设计方面，箱体内管线选用 304 不锈钢材质，具备较好的耐腐蚀性；箱体外输药管线则采用具备加热防冻功能的 3 层钢丝胶管，确保箱体外输药管线在极端气候条件下正常运转。在设备控制方面，构建了一套由断路器、继电器、控制器、变频器等关键组件构成的控制系统，技术人员可以通过触摸显示屏界面精确调整高压柱塞泵的泵送时间、泵送频率等参数，提升了设备操作的便捷性和准确性。

2 高压热洗清蜡技术

油井高压热洗清蜡的工作原理：通过热洗车高压泵将洗井液打入加热炉盘管中加热到 100～120℃，经热洗管线导入套管与油管形成的环形空间，利用热传导融化油管内蜡质沉积，达到恢复油流通道的目的[5]。以往热洗清蜡效果主要凭经验评价，认为地面回油温度达到 60℃ 以上时融蜡效果较好，缺少对井下洗井温度的定量评价。但实际情况是洗井液热能大都被井口至地下 200m 左右地层吸收了，融蜡温度只能作用到井下 200m 左右；而油井结蜡点在井下 600m 以上，油井在 200m 到 600m 之间达不到融蜡效果，易发生堵井蜡卡现象[6]。为定量评价热洗清蜡效果，开展了高压热洗清蜡技术研究，通过监测洗井过程中油套环空温度随时间变化情况，指导优化热洗参数，实现 0～600m 全结蜡井段有效清蜡，弥补点滴化学降黏技术无法清除蜡质沉积的缺点。

2.1 融蜡温度测定

取 A 区块油样，脱水后进行室内融蜡温度测定实验，不同温度、不同时间的融蜡效果如图 1 所示。温度为 25℃ 时，60min 后实验容器内的蜡没有被融化；温度为 30℃ 时，60min 后实验容器内的蜡被轻微融化；温度为 35℃ 时，30min 后实验容器内的蜡被基本融化；温度为 40℃ 时，10min 后实验容器内的蜡被完全融化。因此，确定 A 区块的融蜡温度不小于 40℃，只有油套环空内的洗井液温度不小于 40℃ 时才能实现有效融蜡。

a. 25℃时，60min后融蜡效果　　b. 30℃时，60min后融蜡效果　　c. 35℃时，30min后融蜡效果　　d. 40℃时，10min后融蜡效果

图 1　不同温度、不同时间后融蜡效果图

2.2 高压热洗井温监测

2.2.1 试验参数确定

有效洗井深度指油套环空内的洗井液温度高于蜡的融化温度的深度。有效洗井深度的主要影响因素为洗井液温度及洗井液排量，温度越高，融蜡能力越强，排量越大，越利于洗井液热能向下传导[7]。因此，针对该稠油区块遵循"高温、大排量"原则开展高压热洗井温监测试验，通过提高温度、增加排量，促进有效洗井深度向下延伸，实现 0～600m 全结蜡井段有效融蜡。洗井液初始温度为 35～45℃，需热洗车二次加热至 100℃。受热洗车组设备性能限制，当热洗车出口温度提高至 100℃ 时，洗井液排量最大在 8m³/h 左右，若继续提升热洗车出口温度，会导致洗井液排量降低。为兼顾温度及排量，确定试验参数如下：保持热洗车出口温度在 100℃

左右，控制洗井液排量介于5.0~8.0m³/h之间。通过保持温度不变，控制排量为唯一变量，研究热洗车出口温度在100℃条件下洗井液排量对有效洗井深度的影响。

2.2.2 试验过程

在A区块选取两口稠油井C1、C2，应用分布式光纤测试技术对C1井及C2井的洗井过程进行井温监测。该技术利用下入油套环空内的测温光纤采集后向散射光，通过解调后向散射光的强度、频率及相位变化，实现井下温度连续实时监测，从而反映热洗过程中全井段温度变化。

对C1井进行热洗，其油套环空温度随井深变化数据统计如表4所示。洗井前，测试原始井温。洗井时，保持热洗车出口温度稳定在100℃左右，保持洗井液排量稳定在5.0m³/h左右。洗井第30min，累计洗井液量达到2.5m³，40℃融蜡温度延伸范围为0~157m；洗井第60min，累计洗井液量达到5.0m³，40℃融蜡温度延伸范围为0~256m；洗井第90min，累计洗井液量达到7.5m³，40℃融蜡温度延伸范围为0~300m；洗井90~180min，40℃融蜡温度始终维持在0~300m之间，有效洗井深度没有向下传递的趋势。

表4 C1井油套环空温度随井深变化数据统计表

时间（min）	0	30	60	90	120	150	180
累计洗井液量（m³）	0.0	2.5	5.0	7.5	10.0	12.5	15.0
井深（m）	洗井前井温（℃，冬季）	洗井时井温（℃）					
0	-6.5	100.3	100.9	101.0	100.7	100.5	100.0
100	-4.8	64.2	79.1	66.9	78.1	78.1	69.7
157	-3.2	40.0	61.5	58.9	63.4	63.9	53.2
200	-1.9	28.5	53.7	51.7	52.4	52.4	47.0
256	0.2	15.3	40.4	47.6	46.7	42.0	40.8
300	2.0	9.1	32.4	40.1	40.1	40.2	40.1
400	7.2	2.8	19.8	28.0	28.0	28.0	27.7
500	11.8	3.7	11.6	19.7	21.3	21.3	22.8
600	18.7	9.7	9.3	14.4	15.8	15.8	19.6
700	26.3	13.6	10.9	15.1	15.4	15.4	18.2
800	31.8	20.4	18.1	19.9	19.4	19.4	20.8
900	37.6	27.3	25.9	26.8	25.4	25.4	26.1
1000	44.8	34.4	35.9	35.2	33.2	33.2	33.1

对C2井进行热洗，其油套环空温度随井深变化数据统计如表5所示。洗井前测试原始井温。洗井时，保持热洗车出口温度稳定在100℃左右，保持洗井液排量稳定在8.0m³/h左右。洗井第30min，累计洗井液量达到4.0m³，40℃融蜡温度延伸范围为0~306m；洗井第60min，累计洗井液量达到8.0m³，40℃融蜡温度延伸范围为0~474m；洗井第90min，累计洗井液量达到12.0m³，40℃融蜡温度延伸范围为0~526m；洗井第120min，累计洗井液量达到16.0m³，40℃融蜡温度延伸范围为0~647m；洗井第150min，累计洗井液量达到20.0m³，40℃融蜡温度延伸范围为0~714m。

表5 C2井油套环空温度随井深变化数据统计表

时间（min）	0	30	60	90	120	150
累计洗井液量（m³）	0.0	4.0	8.0	12.0	16.0	20.0
井深（m）	洗井前井温（℃，冬季）	洗井时井温（℃）				
0	-3.6	100.6	100.9	101.0	103.0	100.4
100	-3.4	77.6	78.9	84.6	88.3	89.5
200	0.0	61.5	66.4	68.8	73.7	73.2
300	2.4	42.0	58.5	59.0	66.5	66.7
306	2.6	40.3	58.0	58.4	66.0	66.2
400	5.3	24.4	49.6	50.3	59.2	60.0
474	7.7	15.6	40.1	44.4	53.8	56.4
500	8.4	13.4	38.7	42.7	52.0	54.5
526	9.2	11.6	36.4	40.3	50.4	52.8
600	11.9	8.1	29.8	36.3	44.4	47.5
647	13.5	7.5	26.6	34.0	40.2	44.3
700	15.9	7.8	23.7	31.9	37.2	40.8
714	16.1	8.1	22.9	31.4	36.3	40.1
800	20.2	10.9	19.1	28.0	32.0	35.2
900	25.3	15.6	16.9	24.4	28.2	31.1
1000	32.4	20.1	17.1	22.7	26.3	28.5

2.2.3 优化热洗参数

通过对C1井及C2井的试验结果进行分析，洗井液排量越小，热损失越大。当热洗排量不大于$5m^3/h$时，热洗能量主要通过套管壁向地层散失，热量损失较为严重，有效洗井深度延伸范围为0~300m结蜡井段，无法实现300~600m结蜡井段有效清蜡。当热洗排量不小于$8m^3/h$时，热洗能量经套管壁向地层散失的比例较少，热洗能量能够有效向下传递，当累计洗井液量达到$16.0m^3$时，40℃融蜡温度延伸范围为0~647m，能够实现0~600m全部结蜡井段有效清蜡。因此，确定稠油区块比较理想的热洗清蜡参数为：洗井液温度不小于100℃、热洗排量不小于$8m^3/h$、洗井液量不小于$16m^3$。

3 效果评价

3.1 应用效果

组合应用点滴化学降黏技术及高压热洗清蜡技术对A区块稠油井井筒进行维护，形成了"点滴化学降黏+高压热洗清蜡"的综合治理模式。截至2024年12月，累计维护23口稠油井井筒，治理后井口采出液平均黏度降低31.3%，抽油机悬点载荷降低14.8%，生产运行平稳。与治理前相比，平均单井月卡泵井次减少4.3井次，生产时率提高15.8个百分点。

3.2 应用效益

单井应用点滴化学降黏技术的年均维护成本为

4.7万元，年均配套高压热洗6.2井次，热洗清蜡费用为1.4万元，合计单井年维护成本为6.1万元，与应用电加热降黏技术相比减少45.5%（表6）。23口稠油井井筒采取点滴化学降黏技术及高压热洗清蜡技术治理后，年均维护成本为140.3万元，与应用电加热降黏技术相比年均节省维护成本117.3万元。

表6 稠油井单井井筒维护成本对比表

项目	年均维护成本						
	设备投入费用（万元/a）	耗电量（10⁴kW·h/a）	电费（万元/a）	降黏剂消耗（kg/a）	降黏剂费用（万元/a）	热洗清蜡费用（万元/a）	合计费用（万元/a）
点滴化学降黏技术配套高压热洗清蜡技术	0.7			5460	4.0	1.4	6.1
井下电加热降黏技术	5.8	7.8	5.4				11.2

4 结 论

（1）通过点滴化学降黏的方式，能够有效降低原油黏度、改善原油流动状态，并结合油井原油物性及生产参数，优选降黏剂配方、优化降黏剂用量、提高降黏效果，保障稠油井稳定生产。

（2）采取高温、大排量热洗能够减少洗井液热能向地层损失，有利于延伸有效洗井深度。

（3）点滴化学降黏技术能够持续降低稠油井原油黏度，阻止蜡晶在杆管表面沉积；高压热洗清蜡技术能够有效清除杆管结蜡、恢复油流通道。两种技术相辅相成，能够实现稠油井降本增效的目的，是有效的低成本井筒维护技术。

（4）由于洗井液初始温度低、热洗车组加热能力有限，无法验证更高排量下井筒温度变化情况。下一步将对提高洗井液初始温度、提高泵车排量及提高锅炉加热能力展开研究，为温度及排量的优化提供条件，促进热洗清蜡提质增效。

参考文献

［1］余男．电加热清防蜡工艺运行制度研究［J］．石油石化节能与计量，2024，14（7）：76-81.

［2］尉小明，刘喜林，王卫东，等．稠油降黏方法概述［J］．精细石油化工，2002（5）：45-48.

［3］车井田．点滴加药装置在稠油井上的应用［J］．中国石油和化工标准与质量，2014，34（1）：128.

［4］王彦玲，许宁，张传保，等．稠油降黏剂的降黏机理研究进展［J］．应用化工，2021，50（11）：3069-3073.

［5］李建军，陈蓉，吕广强，等．油井高温蒸汽热洗清蜡技术［J］．油气田地面工程，2007，26（10）：55-60.

［6］段福海．提高油井高压热洗效率［J］．化学工程与装备，2020（4）：94-95.

［7］孔维军．抽油机井高压蒸汽热洗清蜡效果试验研究［G］//大庆油田有限责任公司采油工程研究院．采油工程2013年第2辑．北京：石油工业出版社，2013：19-23.

（编辑：李璇）

弃置井报废技术研究与运用

张建勇

（大庆油田有限责任公司第十采油厂）

摘　要：针对朝阳沟油田弃置井在治理过程中出现井位丢失、无泄压通道、井况复杂等疑难问题，开展了弃置井报废技术研究与运用。通过弃置井报废关键技术调研，从井位寻找、井口完善、带压开孔等方面入手，根据不同井况优选报废工艺，并对治理、改造后的井注入固井水泥。目前朝阳沟油田已成功实施弃置井报废1435井次，工艺成功率达100%。该研究实现了弃置井全过程精准报废，对加快推进油水井弃置报废具有重要意义。

关键词：弃置井；报废；套损；水泥；安全环保

弃置井是指按程序履行了报废审批手续或批准核销的井[1]。油井钻完井、水井钻完井及后期管理过程中，因工程报废、枯竭停产、废弃及安全环保问题，需进行弃置作业，并封堵井下油水层和可能储层，防止油水在井筒、井口等处外漏形成环境安全隐患。永久性弃置作业是对废弃的油水井进行封堵地层、封堵井筒、切割回收套管作业。朝阳沟油田投入开发已有30多年的历史，井筒条件越来越差，低效井越来越多，需要弃置的油水井数量逐年增加，共有1955口弃置井需要报废处理，其中有100口井位于省级自然保护区。按照《中华人民共和国自然保护区条例》第三十二条"在自然保护区的核心区和缓冲区内，不得建设任何生产设施"的要求[2]及中国石油天然气集团有限公司提出生态红线区内生产设施退出的意见，需要尽快完成永久性封井。随着朝阳沟油田弃置井治理进程的深入，发现存在诸多难点急需解决，如部分井井口已被掩埋，不能确定井口准确位置；部分井无泄压通道；部分井井况复杂、处置难度大等。弃置井若不及时处置，将带来很多不确定性，增加管理难度。因此，开展弃置井报废技术研究，对加快推进朝阳沟油田油水井弃置报废具有重要意义。

1 运用技术

1.1 位置丢失井定位技术

确定井位是实施弃置报废的前提。朝阳沟油田有51口弃置井，由于井口已被掩埋或滚入江中，不能准确确定丢失井位置。为了优选高精度定位仪，使用同一坐标数据，以已知井为参照，测量已知井点与仪器指示位置的距离，并判断所选定位仪的定位精度，用于丢失井井位的确定；待成功找到丢失井井位后，重复上述操作，进一步验证定位仪的使用效果。现场使用4种定位仪确定丢失井井位，其技术参数对比如表1所示。经现场试验发现，R50 Prohc高精度定位仪定位精度高，同时仪器可操作性好、数据稳定性强；其他定位仪存在定位精度低、定位丢失井成功率低等问题。R50 Prohc高精度定位仪的技术特点是：内嵌全新一代Quantum Soc芯片，搭载高通骁龙处理器，支持多系统组合定位，提供厘米级精准定位。

作者简介：张建勇，1991年生，男，工程师，现主要从事弃置井报废作业安全环保及质量监督工作。

邮箱：zhangjianyong1@petrochina.com.cn。

表 1　不同定位仪技术参数对比表

定位仪技术参数	R50 Prohc 高精度定位仪	RTK Z1 GPS	UG908 定位仪	G110 三星定位仪
GNSS 配置	BDS、GPS、GLONASS、Galileo、QZSS、NAVIC	BDS、GPS、GLONASS、Galileo、QZSS、IRNSS、SBAS	BD、GPS、GLONASS、SBAS	BD、GPS、GLONASS
通道数	965	1408		72
信号重捕	≤1s	≤1s		
首次定位时间	冷启动≤30s，热启动≤10s	冷启动≤30s		
单点定位精度	H≤1.5m，V≤3.0m	H≤1.5m，V≤2.5m	2.0~5.0m	2.0~5.0m

注：H—水平方向精度；V—垂直方向精度。

在寻找井位过程中，首先将钻井实测的北京54坐标转换为 R50 Prohc 高精度定位仪可用的2000国家大地坐标；然后输入坐标数据，根据仪器定位方向指引，找到目标井位置，配合挖掘机挖掘核实，即可成功找到丢失井。目前朝阳沟油田运用 R50 Prohc 高精度定位仪定位丢失井井位，已成功找到 34 口丢失井。

1.2 井口重建技术

部分弃置井井口破损、井口装置不完善；有些只有底法兰而无上法兰，或底法兰与套管采用焊接方式；还有一少部分弃置井只有套管裸露在地面以上，无法安装井口，存在安全隐患。针对此类井口采取井口重建技术，通过现场套管螺纹造扣，使套管具备连接条件，安装采油树或井口闸门完善井口装置，使井口处于可控状态。部分位于耕地区域的油水井封堵后，先采用井口重建技术将井口装置降于地面以下，再进行螺纹造扣、安装采油树或井口闸门完善井口，以满足复耕复垦需要。

1.3 带压开孔技术

部分弃置井井口装置由于锈蚀、内部组件损坏等原因无法正常打开，或者弃置井带有盲板、盲堵、盖板，都会导致井口处无泄压点，无法进行正常弃置作业。应选择专业带压打孔队伍进行带压开孔，建立泄压和压井通道，以提供下一步作业条件。带压开孔技术是一种在管道运行过程中进行维修和改造的技术，基于特定的原理和工艺，使得管道可以在维持运行压力的情况下进行开孔操作[3]。带压开孔装置结构示意图如图 1 所示。

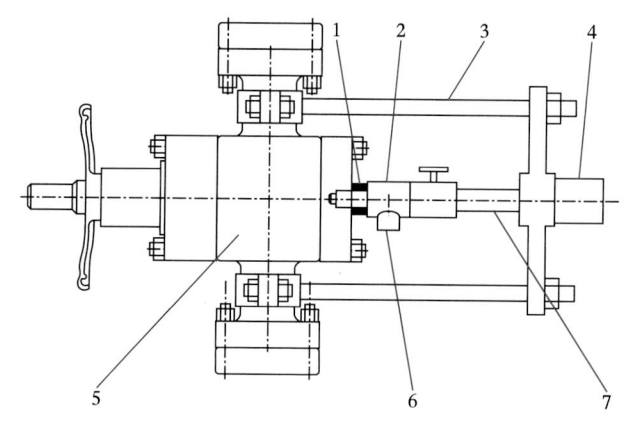

图 1　带压开孔装置结构示意图
1—控制接头；2—控制球阀；3—立柱；4—液压装置；
5—高压阀门；6—测压口；7—钻杆

带压开孔操作流程：在打不开井口的弃置井套管下部选择合适的位置，采用马鞍口焊接的方式焊接法兰支管，安装闸门。带压开孔机通过法兰支管与闸门连接，对设备进行试压；合格后，在完全密闭的空腔内进行带压钻孔，钻具切削过程与空气隔绝，钻磨过程中同时做到冷却钻具，杜绝着火及爆炸，确保安全环保。带压开孔工具在整个施工过程中始终处于受控状态。开孔完成后，关闭闸门，拆除带压开孔机，在闸门外连接管线，即可达到井口泄压处于安全可控的状态。带压开孔后，井口可正常泄压，之后进行下一步弃置作业。

2 报废工艺

弃置井井况可分为以下 5 种：套漏井（套管存

在泄漏点）、无套损井（套管完好，无变形或泄漏）、套管变形井（套管缩径、弯曲但未错断）、有通道套管错断井（套管错断但可建立修井通道）、无通道套管错断井（套管错断严重且无法直接建立通道）。为了保质保量完成朝阳沟油田弃置井封井任务，消除安全环保隐患，需要选取合适的报废工艺彻底治理弃置井。前期对弃置井开展了井况调查，主要包括调查弃置井的套管完整性、管外水泥返高及固井质量、油层及水层分布、历次施工情况、周边环境影响等，并结合施工过程中实际井况，将弃置井调查结果作为制定报废工艺的依据。

2.1 不同井况报废工艺

2.1.1 套漏井报废

为避免套漏影响封堵质量，朝阳沟油田弃置井均采用全井找漏验窜工艺。该工艺具体实施流程为：采用丝堵、K344找漏封隔器、喷砂器等组成试压管柱下入射孔顶界以上，使用泵车对井口至射孔井段顶界以上进行试压验漏，密切观察压力变化情况，以及是否有泄漏现象，按照规范记录试压数据。对于套漏井，采用先封堵产层，再封堵套漏井段和全井筒的工艺，即在炮眼以上下入水泥承留器，向炮眼里挤水泥来封堵射孔井段，然后依次封堵套漏井段和全井筒，最终达到套漏井报废的目的。

2.1.2 无套损井报废

对于管柱能够下入人工井底、射孔井段以上套管无漏点、注水泥时井内静液柱压力大于地层压力的无套损井，下油管至人工井底，对射开的油层进行挤注报废。按照挤注半径，挤注应满足炮眼漏失量并彻底封堵油层。

2.1.3 套管变形井报废

随着油田开发时间的不断延长，受到工程因素和地质因素的影响，油水井套管会发生不同程度变形。采用大修设备对变形套管进行整形修复，并清理井筒直到满足常规油层封堵条件。修复后，管柱能够顺利起下，为下一步实施弃置报废（下入油管并注入固井水泥）奠定基础。套管变形井示意图如图2所示。

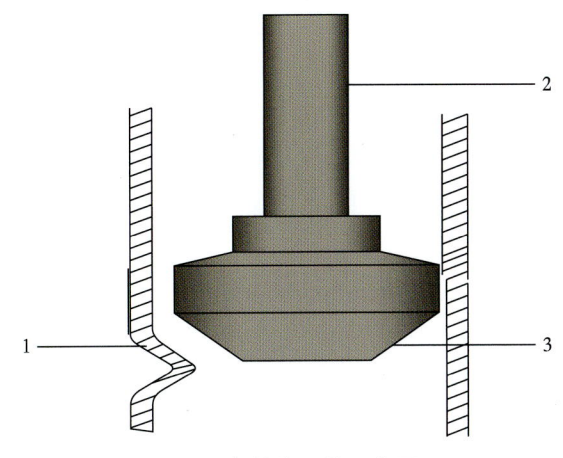

图2 套管变形井示意图

1—套管；2—钻杆；3—胀管器

2.1.4 有通道套管错断井报废

有通道套管错断井修复的关键是找到并打开套管通道，这是实施其他修井措施的基础[4]。锻铣是通过旋转切削工具对井筒障碍物进行切割、扩径、清除的工艺。磨铣是通过磨削工具对井筒金属或水泥等硬质材料进行研磨、修整的工艺。找通道就是利用锻铣、磨铣（图3）工具将错开套管上下断距拉大，增加位移，并对断口上下不规则套管进行修整和裸眼井段扩径，为找通道工具提供合适空间，利于找通道工具顺利进入下断口，且能实施上提下放和旋转操作[5]。在成功打开套管通道后，对油层及井筒进行报废处理。

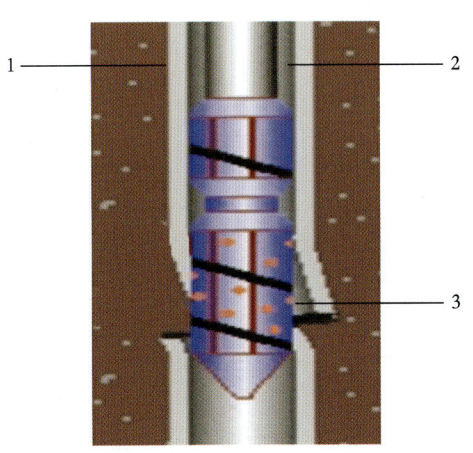

图3 磨铣整形工艺示意图

1—套管；2—钻杆；3—铣锥

2.1.5 无通道套管错断井报废

无通道套管错断井形成的必要条件有两个：一是套管完全错开；二是下断口套管鱼头丢失。

对此类无通道套管错段井尚无有效的修复措施，修复率很低，即使要采取工程报废，因没有打开通道捞出落物，报废水泥不能有效地进入变形点以下井段，难以达到完全报废要求。对于有注入量的无通道套管错段井报废，先挤注报废油层，再根据断口与青山口组之间位置关系，封堵青山口组浸水通道。若青山口组位于断口上方，在青山口组底以下射孔，挤注水泥打隔板封堵浸水通道，达到该弃置井报废目的。断口在下方，有注入量的无通道套管错段井治理工艺如图4所示。

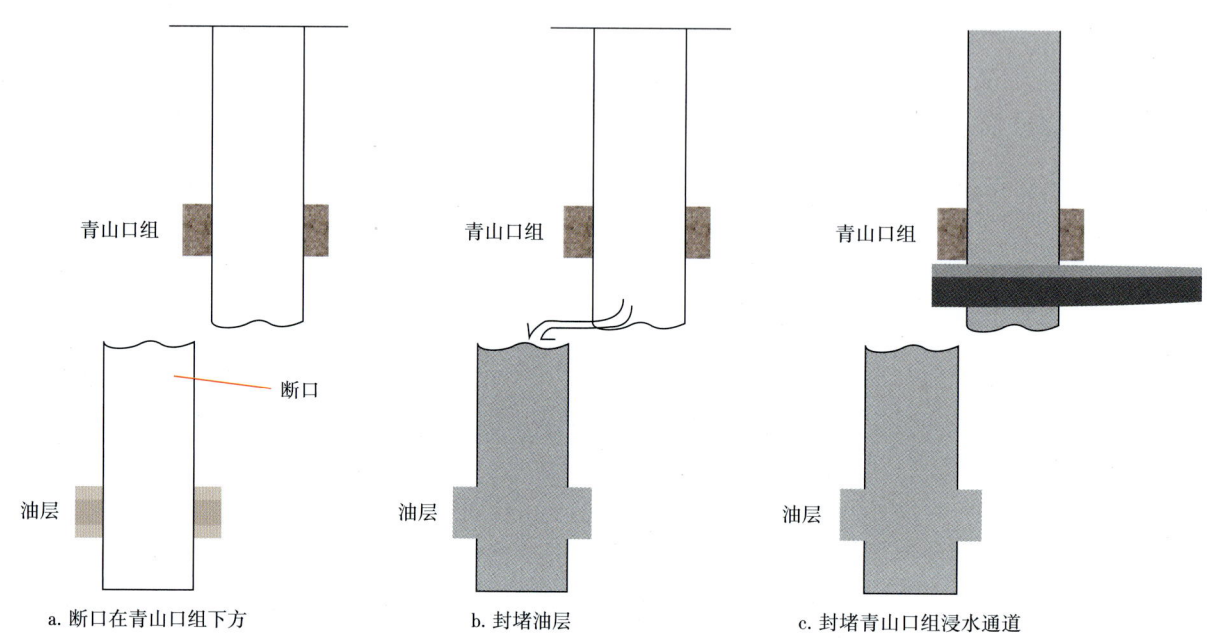

图 4　断口在下方治理工艺示意图

若青山口组位于断口下方，沿断口钻小井眼至青山口组底以下射孔，挤注水泥打隔板封堵浸水通道，实现弃置井报废。断口在上方，有注入量的无通道套管错断井治理工艺如图5所示。

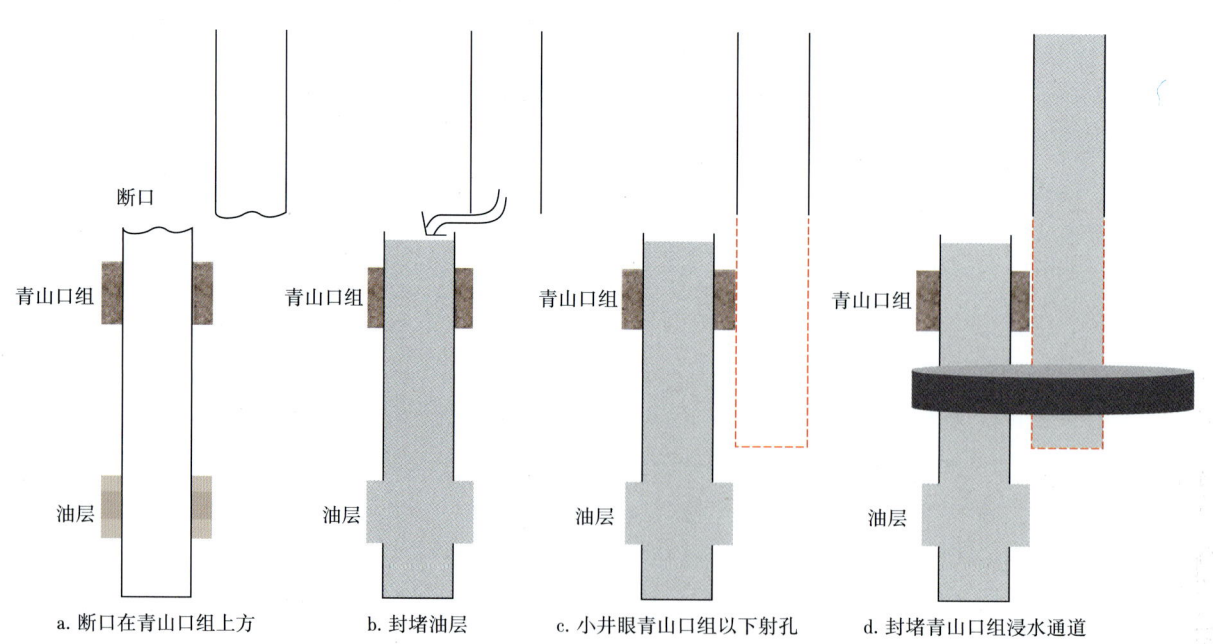

图 5　断口在上方治理工艺示意图

对于无注入量的无通道套管错段井报废，先在原井眼附近钻至油层以下，并在油层部位射孔，沟通原井套管，挤注封堵原井套管及油层；再在青山口组以下射孔，挤注水泥打隔板封堵浸水通道，实现有效封堵，使无注入量的无通道套管错段井达到报废目的。无注入量的无通道套管错段井治理工艺如图6所示。

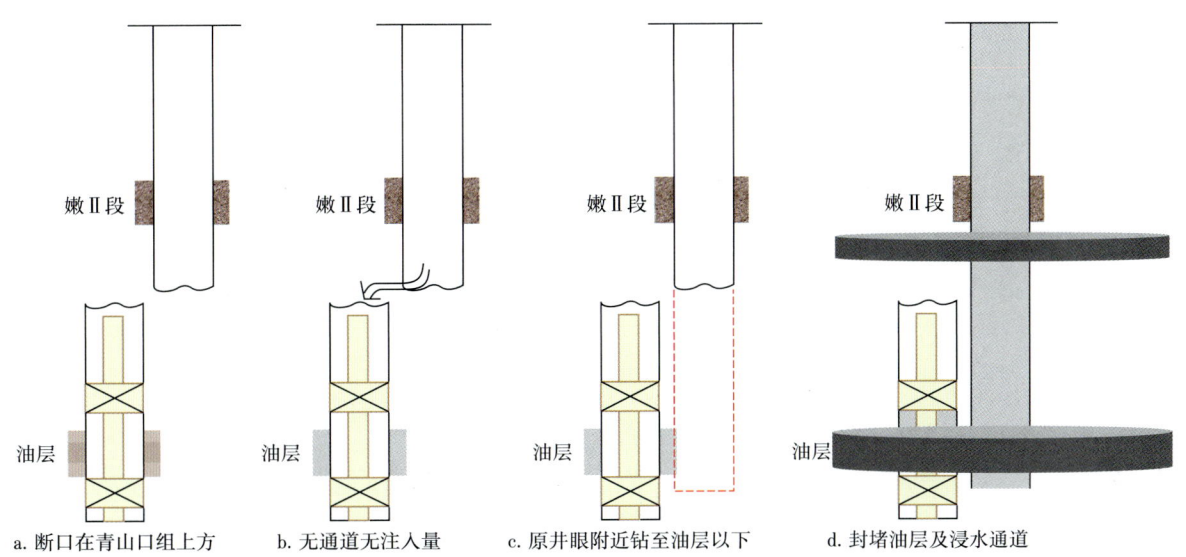

图6　无注入量的无通道套管错段井治理工艺示意图

a. 断口在青山口组上方　　b. 无通道无注入量　　c. 原井眼附近钻至油层以下　　d. 封堵油层及浸水通道

2.2 注入固井水泥

封隔器和桥塞封井虽能短期封隔井段，但存在显著缺陷：一是密封性低，封堵设备易因腐蚀、温度波动或材料老化失效，长期密封性差；二是适应性差，难以完全封堵复杂井况（如套管破损、地层裂缝），易形成微间隙导致流体渗漏。为了彻底封堵油层和井筒，一般选用高密度、高流变性的固井水泥实现弃置井永久性封堵。

2.2.1 固井水泥的选择

固井水泥要具有良好的抗硫酸盐侵蚀性能，以抵御常见的地下盐类及其他化学物质的侵蚀。此外，水泥还需符合环保标准，确保在封井过程中不会对周围的土壤和地下水资源造成伤害。在朝阳沟油田实施注水泥工艺时，使用G级高抗硫酸盐固井水泥，其适用井深为0~2440m，适应温度为0~93℃，最小稠化时间为90min，最大稠化时间为120min，可满足需求[6]。

普通G级水泥在由液相转化为固相时的体积收缩率在0.2%左右，在水泥固化过程中，由于体积收缩，高压弃置井容易发生水窜，而加入膨胀剂可以较好地解决该问题。膨胀剂由一定比例的无水硫酸铝、硫酸钙、石灰等组成，在水泥的固化过程中可发生化学反应生成柱状和针状的水化硫铝酸钙。柱状和针状晶体会缓慢生长，导致水泥固化过程中体积增加，最终膨胀率在0.16%左右[7]。在普通G级水泥中加入膨胀剂、流动调节剂、早强剂、降失水剂形成的微膨水泥，可实现弃置井永久性封堵。微膨水泥添加剂配方如表2所示。

表2　微膨水泥添加剂配方表

名称	水	膨胀剂	流动调节剂	早强剂	降失水剂
成分	清水	氧化钙、氧化镁	丙酮、甲醛、缩聚磺化物	硅酸钠、氯化钙	羧甲基纤维素钠
质量分数（%）	90	5	1	2	2

2.2.2 水泥用量设计

弃置井报废封堵前需测试地层吸水指数，确定固井水泥挤注过程最高泵压和最佳排量。固井水泥用量是未考虑损耗的理论计算值，顶替量是指实际水泥用量。固井水泥实际顶替量的计算须准确，保证固井水泥送至预计灰面位置。

固井水泥用量要根据待封堵层的有效厚度、封堵半径、油层有效孔隙度来确定，公式为：

$$V = H\pi R^2 \phi \quad (1)$$

式中 V——固井水泥用量，m^3；

H——待封堵层的有效厚度，m；

R——封堵半径，范围为 0.5~2.0m；

ϕ——油层有效孔隙度。

当挤入设计用量的固井水泥后，用清水将固井水泥顶替至设计灰面深度，固井水泥实际顶替量计算方法为：

$$V_顶 = V + V_地 \quad (2)$$

式中 $V_顶$——固井水泥实际顶替量，m^3；

$V_地$——地面管线内容积，m^3。

朝阳沟油田属低孔隙度低渗透率油田，与国内其他低—特低渗透率油田相比，原油黏度高、流度低、采出程度中等。在相同渗透率条件下，朝阳沟油田孔喉半径和可动流体饱和度较低。根据朝阳沟油田的地层特点，为确保封堵效果，设计封堵半径为1m，水泥密度控制在 1.85~1.95g/cm³ 之间，根据地层有效厚度及有效孔隙度，确定固井水泥用量。

2.2.3 注入过程

弃置井封堵作业主要封堵油层和井筒两个部分，一般自下而上封堵从井底到地面的各个层段，最终达到封堵油层及井筒的目的。两部分封堵均采用 G 级高抗硫酸盐固井水泥，可以在井筒内形成有效屏障，防止油气水通过井筒上窜至井口或下窜至其他非目的层[8]。朝阳沟油田通常采用挤注法封堵油层，采用循环注塞法封堵井筒。挤注法是先根据地层压力、渗透率、挤注参数等确定地层吸液能力，然后挤注固井水泥及其他封堵材料至目的井段，使之进入地层、套管受损处、套管外环空等位置。循环法是采用钻杆、油管或连续油管注入固井水泥、堵剂等封堵材料，上提管柱至安全位置，水泥候凝形成封堵塞。

3 报废后井口处理

朝阳沟油田弃置井井口处理严格按照石油行业标准进行报废作业处理，将套管从地表以下1.5m处割掉，地表恢复后设立地面标志桩。少数位于环境敏感区的井，如黑龙江拉林河口湿地省级自然保护区的弃置井，一旦出现渗漏，将造成严重的环保污染事件，因此，为方便渗漏后的事故处理，报废施工后保留井口。

4 现场应用

2021—2024 年，在朝阳沟油田累计运用各项报废技术 1980 次，现场实施弃置报废 1435 口井，封堵合格率为 100%，均达到了弃置井安全报废的目的。弃置井报废技术应用统计如表3所示。

表3 弃置井报废技术应用统计表

技术名称	位置丢失井定位技术	井口重建技术	带压开孔技术	报废工艺				注入固井水泥	井口处理
				套漏井报废	无套损井报废	套管变形井报废	有通道套管错断井报废		
应用井数（井次）	34	194	317	12	1367	51	5	1435	1435

以 A1 井为例，查询施工资料，A1 井在 350.8m 处套管错断，最小通径为 97mm。初步计划采用磨铣整形找打通道工艺进行治理。首先采用铅模打印落实井况，印痕证实该井在 350.8m 处套管错断，最小通径为 97mm。为了治理错断，下 φ73mm×5m 大钻杆笔尖，找到通道后，引领磨铣工具逐

级扩径至120mm。下 ϕ110mm 铅模进一步核实井况，遇阻深度为850.2m，印痕为套管错断，通径为87mm。采用 ϕ62mm×5.8m 小钻杆笔尖分别引领 ϕ(86~111)mm×0.5m 斜坡铣锥、ϕ(105~114)mm×0.6m 斜坡铣锥，对套管850.2m处进行处理。在850.2m处笔尖引入断口，磨铣别钻严重无进尺，无法继续扩径，起出工具，带出少量泥砂。下 ϕ114mm×5m 通井规，模拟通井，在850.2m处遇阻，上提夹持力11t。综合分析：该处套管严重弯曲，不具备加固条件，铅模印痕为错断，最小通径为94mm。

由于该井在850.2m处为活性错断，无法修复，达到报废条件。下 ϕ62mm×5m 油管弯笔尖1根，加深至850.2m遇阻，找到通道后，下至人工井底。报废管柱能下至人工井底1433m，对全井进行循环挤注水泥报废，使用固井水泥27m³，灰面返至井口，实现了对该井无隐患报废处理，并达到彻底报废要求。

5 结 论

（1）朝阳沟油田弃置井存在不能确定井口准确位置、无泄压通道、井况复杂等处置难题，在调研和试验过程中，形成了位置丢失井定位技术、井口重建技术、带压开孔技术、报废工艺优选、井口处理等一系列配套技术，实现了弃置井的报废，消除了安全环保隐患。

（2）针对朝阳沟油田高压弃置井封堵需求，在普通G级水泥基础上，添加无水硫酸铝、硫酸钙、石灰等膨胀剂，通过化学反应使水泥固化过程中体积增加，能有效抑制水泥固化收缩引发的水窜风险。

（3）对于部分复杂套损井，同时存在油管错断、管径变化、工具下放遇阻等多个难题，在报废过程中选择一种工艺难以解决，下一步计划在处理过程中，根据通径的动态变化，不断变换治理工艺，并将各类报废工艺组合应用，达到报废弃置井的目的。

参考文献

[1] 废弃井及长停井处置指南：SY/T 6646—2017．[S]．

[2] 第687号中华人民共和国国务院令．《中华人民共和国自然保护区条例》[Z]．2017-10-07．

[3] 李正伟．油气管线带压开孔作业技术研究与应用[J]．中国设备工程，2024（5）：218-219．

[4] 张丽巍．浅谈疑难井修复新工艺[G]//大庆油田有限责任公司采油工程研究院．采油工程2013年第1辑．北京：石油工业出版社，2013：49-53．

[5] 刘士军，李龙飞，王金树，等．无通道套损井修复技术[G]//大庆油田有限责任公司采油工程研究院．采油工程2012年第3辑．北京：石油工业出版社，2012：44-48．

[6] 徐健．挤注灰工艺在辽河油区弃置井封井中的应用[J]．化工管理，2024（19）：152-154．

[7] 刘合，王中国，辛福国，等．微膨胀水泥在油水井报废中的应用[J]．油田化学，2001，18（1）：10-12．

[8] 刘贺，齐行涛．油气藏型地下储气库老井封堵技术优化及成效[J]．化学工程与装备，2018（11）：177-179．

（编辑：李璇）

平衡式液力补偿装置研究

谭景超

(大庆油田有限责任公司第十采油厂)

摘　要：A油田在注水开发过程中出现分层注水井封隔器不密封的问题，为改善井下管柱状况，开展了平衡式液力补偿装置研究。根据恒压分级解封封隔器与液力补偿器技术原理，设计工具参数，计算补液量，对常规管柱和加装平衡式液力补偿装置的管柱受力分析进行对比，并应用井下工具综合参数检测与实验系统，进行坐封、解封、承压等性能测试。结果表明：恒压分级解封封隔器实现了解封时管柱内外压力平衡；液力补偿器能够缓慢补充液体至恒压分级解封封隔器以下的油套管内，确保装置坐封严密；加装平衡式液力补偿装置后，管柱整体受力平衡，不发生蠕动；截至2024年11月，现场应用1口井，成功实现坐封与低力解封。该研究初步验证了平衡式液力补偿装置的现场使用性能。

关键词：封隔器密封率；管柱受力；恒压分级解封封隔器；液力补偿器；受力平衡

A油田为压裂投产、注水开发的低渗透油田，根据年均166口分层注水井的测试验封结果显示，入井5年以上管柱密封率持续下降，入井10年及以上管柱的全井密封率仅为78.9%。分层注水井封隔器不密封问题突出，带来诸多危害：（1）在注水效率方面，不同地层间水窜流，破坏压力系统，使目标地层注水不足，非目标地层注水过量，注水开发效果变差，采收率降低[1]，干扰油藏开发秩序[2]；（2）安全层面，注水压力分布不均，在水井返洗井、作业时，高压水易泄漏，可能伤人或引发地质灾害[3]；（3）造成水质污染、设备损坏[4]，带来严重经济损失[5]。经现场观察和分析，管柱受力不平衡导致的蠕动是封隔器胶筒损坏、密封失效的主要原因。

在油田注水开发过程中，平衡管柱技术对注水效果的影响至关重要。目前，虽通过结构设计不断优化，形成稳定性强、结构简化的一体化集成式管柱，但同时坐封严密性差、解封压力高等问题亟需解决。开展平衡式液力补偿装置研究迫在眉睫。在管柱下部设计安装由平衡式恒压分级解封封隔器与液力补偿器组成的平衡式液力补偿装置，对优化管柱受力状况，防止封隔器蠕动，提高分层注水井封隔器密封率，改善井下管柱技术状况有积极作用[6]。

1 平衡式液力补偿装置设计

在管柱底部设计加装由恒压分级解封封隔器与液力补偿器组合而成的平衡式液力补偿装置，实现管柱受力平衡的同时，解决了管柱提前坐封和封隔器坐封过程产生的抽真空等情况。

1.1 恒压分级解封封隔器

1.1.1 技术原理

恒压分级解封封隔器由上接头、中心管锚定装置、洗井活塞、中心管、补液通道、底座、下接头等部件组成（图1），采取独立中心管设计，实现封隔器逐级解封。管柱下放过程中，中心管锚定装置受力，防止解封销钉提前被剪断，有效防止封隔器

作者简介：谭景超，1981年生，男，高级工程师，现主要从事油水井措施的相关研究工作。
邮箱：tanjingchao@petrochina.com.cn。

提前解封。洗井活塞采用端面接触式密封设计，有效降低洗井活塞开启压力，提高开关动作灵活性和工作可靠性。解封时补液通道打开，胶筒上、下压力平衡，防止抽真空情况的发生。

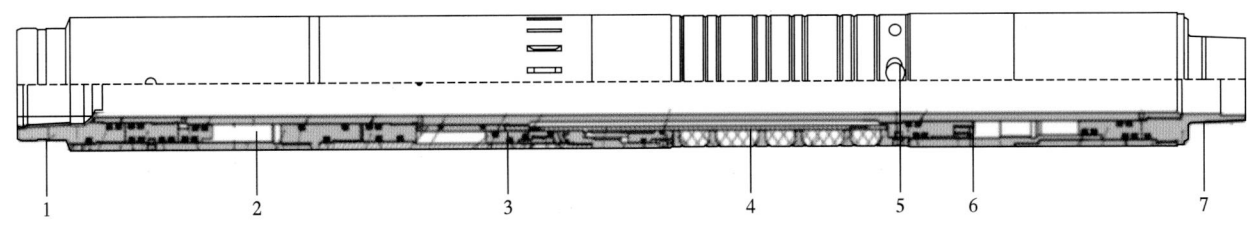

图 1 恒压分级解封封隔器结构示意图

1—上接头；2—中心管锚定装置；3—洗井活塞；4—中心管；5—补液通道；6—底座；7—下接头

1.1.2 工具参数

设计恒压分级解封封隔器最大外径为114mm，内径为54mm，坐封压力为16MPa，一级解封力为50kN，四级该封隔器的解封力为140kN，较常规管柱降低100kN，实现管柱解封力降低。

1.2 液力补偿器

1.2.1 技术原理

液力补偿器由上接头、中心管、阻尼系统、爆破螺栓、补液外管、补液活栓、连接套、控制销钉、下接头等部件组成（图2）。液力补偿器与射孔底界恒压分级解封封隔器下接头密封连接。首先向恒压分级解封封隔器内施加坐封压力，使封隔器坐封，然后继续加压，使补液装置控制剪断销钉，利用压力推出补充液体，液力补偿器出口设置阻尼系统，使补充液体缓慢补充到射孔底界恒压分级解封封隔器以下的油套管，确保恒压分级解封封隔器坐封严密。

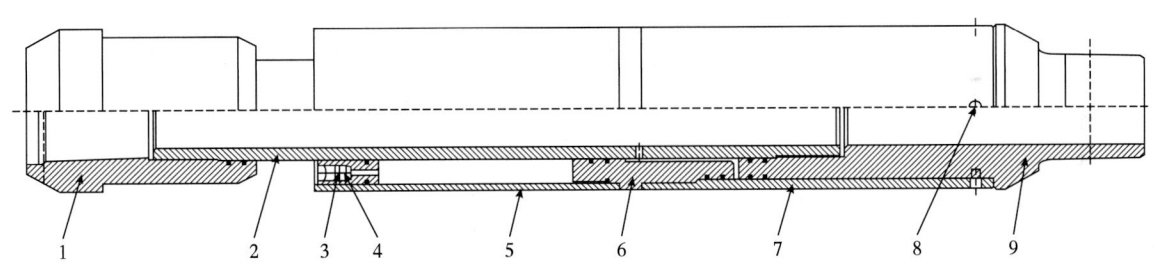

图 2 液力补偿器结构示意图

1—上接头；2—中心管；3—阻尼系统；4—爆破螺栓；5—补液外管；6—补液活栓；7—连接套；8—控制销钉；9—下接头

1.2.2 补液量计算

恒压分级解封封隔器坐封过程中胶筒向上位移，造成下部油套管液量减少，根据公式（1）以及分层注水井常用Y341-114胶筒位移，计算出液力补偿器的补液量为0.39L。

$$V_{补} = SL \tag{1}$$

式中 $V_{补}$——需补充液量，m^3；

S——油套环空的横截面积，m^2；

L——封隔器坐封胶筒位移，m。

1.2.3 工具参数

设计工具外径为114mm，内径为54mm，满足工具下放要求；销钉剪断压力为12MPa，工具最大承压为25MPa，满足分层注水井作业需求。

2 管柱受力分析

2.1 常规注水管柱

在A油田注水过程中，常规分层管柱受力需要考虑活塞效应、鼓胀效应、螺旋弯曲、温度效应以及锚定力、封隔器级数等因素[7]。根据管柱受力分析图（图3），管柱整体受向上剪切力作用，该力使管柱发生蠕动，造成保护封隔器不密封。

根据受力分析，常规管柱受力大小为：

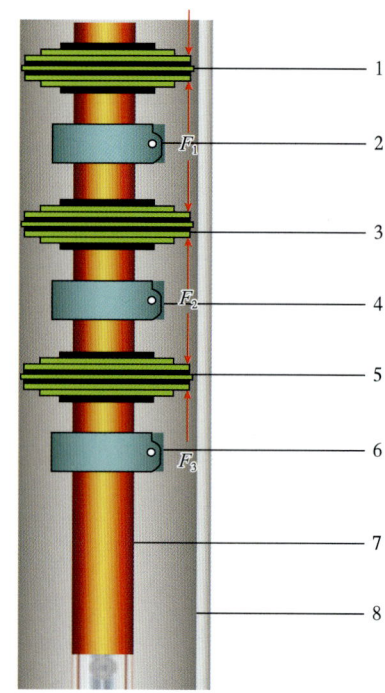

图3 常规管柱受力分析图

1—第一级封隔器；2—第一级配水器；3—第二级封隔器；
4—第二级配水器；5—第三级封隔器；6—第三级配水器；
7—油管；8—套管

F_1—第一级封隔器下部推力、第二级封隔器上部推力；
F_2—第二级封隔器下部推力、第三级封隔器上部推力；
F_3—第三级封隔器下部推力

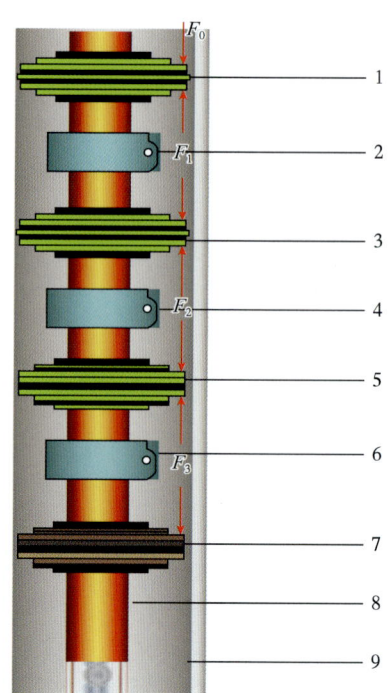

图4 加装平衡式液力补偿装置后管柱受力分析图

1—第一级封隔器；2—第一级配水器；3—第二级封隔器；
4—第二级配水器；5—第三级封隔器；6—第三级配水器；
7—恒压分级解封封隔器；8—油管；9—套管

F_0—第一级封隔器上部推力

$$F = F_0 - F_3 = (p_{注} - p_{套})S \tag{2}$$

式中 F——管柱受力，kN；
F_0——第一级封隔器上部推力，kN；
F_3——第三级封隔器下部推力，kN；
$p_{注}$——注水压力，MPa；
$p_{套}$——套管压力，MPa。

A油田分层注水井的注入压力与套压差值普遍在0.2~11.5MPa之间，结合公式（2）计算可得保护封隔器受向上的推力大约为1.4~80.5kN。其中油套压差不小于7MPa的井有851口（占比为44.3%），此类分层注水井管柱向上的推力不小于50kN，在该力作用下管柱向上蠕动趋势严重，不利于各级封隔器的密封。

2.2 加装平衡式液力补偿装置

在注水管柱下部安装了平衡式液力补偿装置后进行了受力分析（图4），结果如下。

安装平衡式液力补偿装置后管柱受力大小为：

$$F = F_0 = p_{套}S \tag{3}$$

受力分析显示，当注水管柱底部加装了平衡式液力补偿装置后，管柱受力与套管压力成正比，管柱整体受力平衡，不易发生蠕动，保障了封隔器密封性。

3 室内实验

应用井下工具综合参数检测与实验系统进行室内实验（图5），实验压力为0~30MPa，实验温

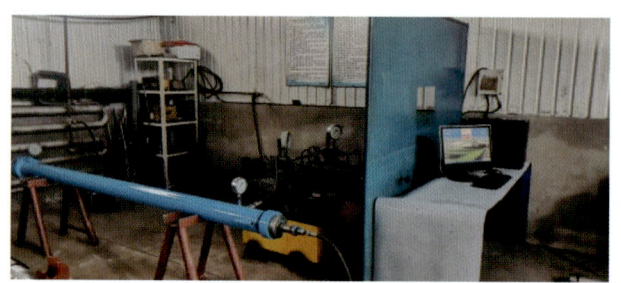

图5 井下工具综合参数检测与实验系统照片

度为20~120℃。通过模拟井下工作状态，对平衡式液力补偿装置进行坐封、解封、承压等性能进行测试。

3.1 坐封实验

在模拟套管中加压释放平衡式液力补偿装置。三次实验坐封启动压力分别为8MPa、8.5MPa、9MPa，继续加压至18MPa时停止加压，平衡式液力补偿装置能够承压并稳压15min，表明平衡式液力补偿装置完全坐封。坐封标准与在用的Y341-114封隔器坐封标准一致。

3.2 解封实验

平衡式液力补偿装置坐封后，三次上提解封实验拉力分别为65kN、68kN、69kN，装置平均解封拉力为67.3kN，表明平衡式液力补偿装置能够实现低拉力解封。

3.3 承压实验

在模拟套管中进行承压测试，模拟初始注水压力为10MPa，逐步加压至25MPa（是最高注水压力的1.6倍）后承压30min，压力保持稳定，表明工具初期耐压性能良好。

4 现场应用

截至2024年11月，在A油田现场应用平衡式液力补偿装置1口井，工具下放至预定位置后，打压16MPa恒压分级解封封隔器安全坐封。管柱验封情况显示，各级封隔器均实现严密坐封（表1）。施加上提力170kN使平衡式液力补偿装置顺利解封，实现了平衡式液力补偿装置成功坐封和低力解封。但由于入井时间短，稳定效果还需要长期跟踪观察。

表1 试验井管柱验封统计表

级段数	总层段（层）	密封层段（层）	不密封层段（层）	泵压（MPa）	油压（MPa）	套压（MPa）	测试结果
四级三段	4	3	0	14.2	11.7	8.5	密封

5 结 论

（1）平衡式液力补偿装置坐封、解封、承压性能稳定，坐封标准与成熟产品一致，且装置解封力更低，承压性能更优，能够提升注水安全性，在同类作业中具推广价值。

（2）由于现场试验井数少、应用时间短，长期稳定性和复杂工况适应性待验证。需进一步扩大应用规模，同时根据试验情况对工具结构参数进一步优化。

参考文献

[1] 王鸿勋，张琪．采油工艺原理[M]．北京：石油工业出版社，1989：32-33.

[2] 万仁溥．采油工程手册[M]．北京：石油工业出版社，2000：16-17.

[3] 王元基．油田注水开发技术与管理[M]．北京：石油工业出版社，2017：45-47.

[4] 赵明宸．分层注水管柱封隔器受力分析[J]．长江大学学报，2011，8（4）：60-61.

[5] 李颖川．采油工程[M]第二版．北京：石油工业出版社，2009：89-94.

[6] 高恒达，孙佳琛，孙岩．用于层系封堵的可洗井封隔器洗井机构优化研究[G]//大庆油田有限责任公司采油工程研究院．采油工程2022年第4辑．北京：石油工业出版社，2022：14-19.

[7] 方志刚，刘颖，周波，等．分层注水井封隔器验封新技术研究与应用[J]．油气井测试，2016，25（4）：64-66.

（编辑：孟思媛）

A区块油井清防蜡工艺优化研究与应用

姜亮亮

(大庆油田有限责任公司第十采油厂)

摘 要：针对单一清防蜡方式在低渗透区块适应性差、见效慢、热洗周期短等问题，在A区块开展了油井清防蜡工艺优化研究与应用。根据A区块结蜡特点与原因分析，判断主要结蜡位置，通过制定热洗质量分级标准及化学药剂配伍性实验，构建清防蜡协同模型，并开展现场应用。采取"低—中—高（5m³/h—10m³/h—15m³/h)"三级排量高压热洗与"短周期（30d）+小药量（150kg）"化学加药相结合的方式进行现场试验30口井，热洗周期从43d延长至78d，油井生产时率提升19.6个百分点，解卡井数累计减少79井次，效果较好。该研究为同类型油藏提供了可量化的清防蜡参数设计依据。

关键词：低渗透；高压热洗；加药；清防蜡；协同模型

在高含蜡低渗透油藏开发中，因井筒结蜡引发的卡泵、产量下降等问题长期制约油田高效开发[1]。大庆油田第十采油厂A区块2022年、2023年全年卡泵率分别为69%和68%，远高于其他区块。分析原因发现，该区块主要采用单一高压热洗维护或化学加药清防蜡方式，存在热洗效率低或药剂有效期短等技术瓶颈，对低渗透油藏的适应性不足。因此，构建"高压热洗+化学加药"协同模型，2024年在A区块开展了油井清防蜡工艺优化研究和应用。

1 油井结蜡情况

1.1 结蜡特点及原因

1.1.1 特点

原油在地层提前脱气，部分蜡等混合物在泵吸入口部位或泵内析出，易导致泵阀漏失或卡泵[2]。此外，泵的下部结蜡会降低泵的抽汲能力；油井井口处因流速较大，一部分蜡会被冲走带到地面上[3]，结蜡情况较轻。

1.1.2 原因

A区块目前共有油井294口，其中开井257口，平均单井日产液量为2.4t，日产油量为0.8t，含水率为66.7%，平均沉没度在30~60m之间。因单井产量低、流压低，原油在井底有足够时间结蜡。

A区块主要目的层为B1、B2油层，储层物性如表1所示。由表可以看出，该区块渗透率低、原油物性差异较大，导致含蜡量超过20%，井筒维护难度大。

表1 不同开发层系储层物性统计表

层系	油井（口）	开井（口）	油层中深（m）	渗透率（mD）	地面原油黏度（mPa·s）	含蜡量（%）	含胶量（%）	凝点（℃）
B1	182	156	1062	8.40	26.9	20.8	11.9	31.9
B2	112	101	1297	1.98	51.3	21.2	14.3	33.0

作者简介：姜亮亮，1985年生，女，工程师，现主要从事机采管理方面的工作。
邮箱：627338314@qq.com。

A 区块地温梯度为 41℃/km，泵深介于 500～1200m，对应井温范围为 38.7～67.4℃。在油井生产过程中，原油经泵筒抽汲到地面会不断散热，实际温度极易降至析蜡点 37℃以下，形成结蜡敏感区[4]。

1.2 结蜡位置

2023 年 A 区块因蜡造成卡泵和泵阀漏失井数占总检泵井数的 19.5%，占比较高。选取 23 口检泵周期较短的井，根据作业现场油管结蜡情况统计，绘制泵上结蜡段井数频次分布图（图1），判断主要结蜡位置。由图可以看出，该区块重点需对泵筒及泵上方 200～600m 的结蜡段进行清除。

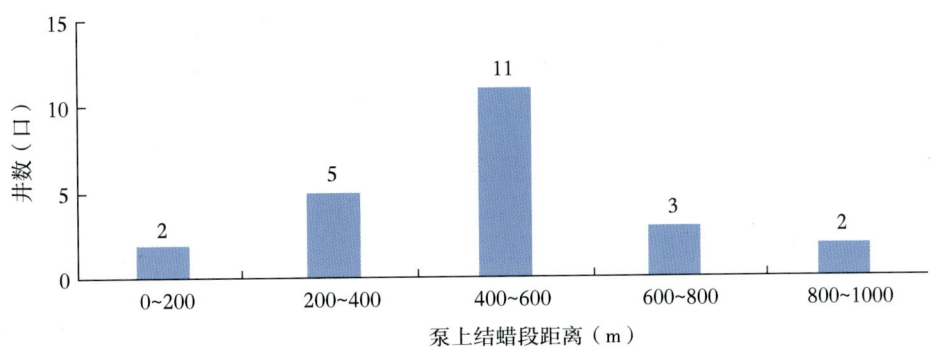

图 1 泵上结蜡段井数频次分布图

2 清防蜡协同模型构建

油田清防蜡方式主要有机械清蜡技术、热力清蜡技术及化学清防蜡技术[5]。目前 A 区块常规油井主要是高压热洗和化学加防蜡剂技术（表2）。由表可以看出，高压热洗虽可高效融解管壁积蜡，但易引发洗井液漏失造成热洗能量损失；化学加防蜡剂技术，虽操作便捷，但存在药剂作用效率慢的问题。因此，开展了"高压热洗+化学加药"协同模型构建。

表 2 两种清防蜡技术对比表

维护方式	适应条件	优点	缺点
高压热洗	适合结蜡较严重以及频繁易卡井（储层水敏油井除外）	利用高温效应融蜡适用范围广，清蜡效果好、见效快	热洗能量损失，同时影响单井产量
化学加防蜡剂	应用在含水率低于 60%且结蜡情况较轻的油井	可操作性强，对地层无伤害	药剂具有挥发性，闪点较低，存储、运输均存在风险，清蜡效果差、见效慢

2.1 热洗质量分级标准制定及验证

通过分布式光纤监测系统对油井热洗温度监测得出，在热洗排量、压力稳定的条件下，随着油井热洗时间的增加，温度传递到一定深度后不再变化[6]，所以为避免造成资源浪费，热洗时间不宜较长。为防止大排量洗井时油管内壁有大块蜡融化进入泵筒造成卡泵[7]，或洗井液进入地层造成能量损失的问题，需合理制定热洗排量，控制热洗流速，以保证洗井时井筒压力上升的速度不大于地层压力的恢复速度[8]。因此，制定 A 区块热洗质量分级标准如下：

（1）设计洗井液量。按井筒容积 1.3 倍设定洗井液量，确保井筒流体置换次数不小于 2 次。

（2）设定"温度—排量—时间"。在融蜡及替蜡阶段进口温度不小于 100℃、出口温度不小于 60℃条件下，采取"低—中—高"三级排量法，按泵深梯度设定洗井总时间，且融蜡、替蜡及排蜡时间按洗井总时间 1:3:1 分配。具体参数设定如表 3 所示。

表3 A区块高压热洗三级排量法参数设定表

泵深（m）	井筒容积（m³）	洗井液量设定（m³）	洗井时间设定（min）	融蜡时间（min）	融蜡排量（m³/h）	替蜡时间（min）	替蜡排量（m³/h）	排蜡时间（min）	排蜡排量（m³/h）
500	3.8	5	30	6	5	18	10	6	15
800	6.0	8	50	10	5	30	10	10	15
1000	7.5	10	60	12	5	36	10	12	15
1200	9.1	12	75	15	5	45	10	15	15

根据A区块热洗质量分级标准，选取泵深为815m的X-1井开展现场试验，洗井参数及示功图分别如表4、图2所示。由表4可以看出，该井洗井总时间为50min，设置洗井排量为5m³/h、10m³/h、15m³/h，洗井总液量为8.3m³，符合热洗标准参数；由图2可以看出，洗井后最大载荷由39.7kN下降到35.4kN，表明热洗有效改善了杆柱力学状态，达到热洗效果。

表4 X-1井高压热洗技术参数表

阶段	洗井时间（min）	洗井排量（m³/h）	洗井液量（m³）	进口温度	出口温度
融蜡	10	5	0.8	100℃以上	60℃以上
替蜡	30	10	5.0	100℃以上	60℃以上
排蜡	10	15	2.5		
全井	50		8.3		

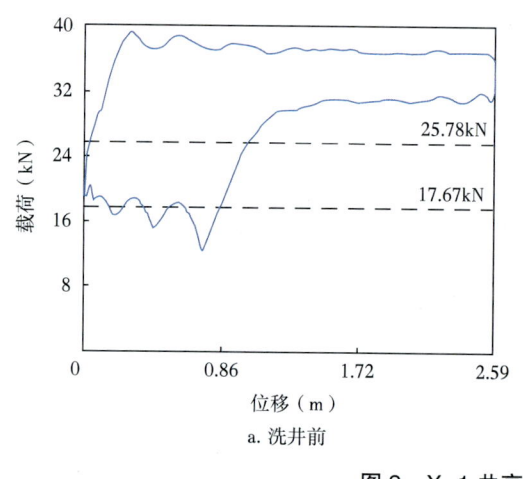
a. 洗井前

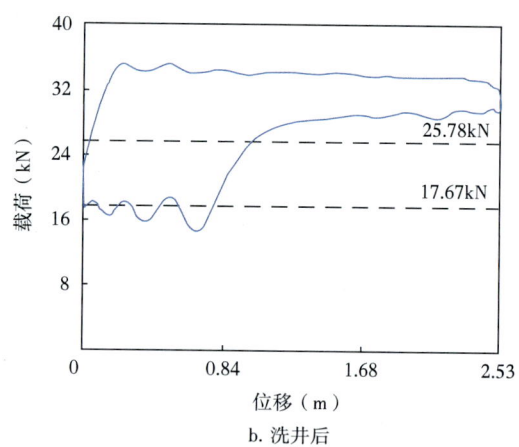
b. 洗井后

图2 X-1井高压热洗前后示功图

2.2 化学药剂配伍性实验及验证

针对A区块化学药剂入井后见效慢、有效期较短的问题，在2024年开展了防蜡剂配伍性实验。

2.2.1 优选药剂配方

为防止原油中的蜡质析出，将A区块防蜡剂主要成分由十二烷基苯磺酸盐替换为高级脂肪醇酰胺，该药剂随着添加质量分数的提高，在原油中能形成球状聚集体，增强防蜡作用。选取4组不同质量分数的高级脂肪醇酰胺（0.5%、0.8%、1.2%、1.5%）进行室内实验（表5），结果表明：当药剂质量分数高于1.2%时，析蜡点从37℃降低至32℃，确保蜡分子在低温区仍能保持溶解或分散状态，避免沉积，且防蜡率由调整前的52.9%提高到调整后的59.1%，提高了6.2个百分点，实验效果较好。在考虑成本的情况下，高级脂肪醇酰胺质量分数优选为 1.2%。

表 5 不同质量分数的高级脂肪醇酰胺有效性统计表

高级脂肪醇酰胺质量分数（%）	析蜡点（℃）	防蜡率（%）
0.5	36.5	42.9
0.8	34.0	53.7
1.2	32.0	59.1
1.5	31.8	59.8

2.2.1 调整井筒加药制度

试验前 A 区块原防蜡剂加药量为 50kg，周期为 45d，加药有效期仅为 4d。为延长加药有效期，根据井口参数监测，热洗后 15d 产液量可以恢复，此时井筒温度场趋于稳定，利于化学药剂扩散，可加药。选取 2 口井分别设置 4 组加药周期（15d、30d、45d、60d）和 3 组优选防蜡剂加药量（100kg、150kg、200kg），并对不同加药周期及不同加药量下的有效期进行统计（表 6）。由表可以看出，采用"短周期+小药量"的加药制度，平均有效期均有所延长，措施效果较好。因此，在考虑成本的情况下，确定最优区间为周期 30d、加优选防蜡剂 150kg。

表 6 不同加药周期及不同加药量下有效期统计表

加药周期（d）	15			30			45			60		
加药量（kg）	100	150	200	100	150	200	100	150	200	100	150	200
平均有效期（d）	6.8	8.3	8.5	7.1	8.8	8.9	6.4	6.7	8.2	6.3	6.5	7.9

2.2.2 改进点滴加药装置

采用最大承压为 5MPa 的柱塞泵，以解决当套压大于 0.5MPa 时药剂无法泵入的问题。增设套管三通装置，实现密闭加药时可同时开展测试等其他日常工作。增设单流阀，结合定压放气阀使用，降低设备承压风险，提升安全环保性能。

2.3 协同模型试验及验证

通过构建"高压热洗+化学加药"协同模型，选取"低—中—高"三级排量高压热洗与"短周期+小药量"化学加药相结合的方式，对 X-1 井高压热洗结束 15d 后加优选防蜡剂 150kg。结果表明：该井最大载荷进一步降低，由 35.4kN 下降到 32.4kN，效果明显（图 3）；热洗周期由 35d 延长到 75d，可以更好地满足油井维护需求。

3 现场应用情况及效果

2024 年在 A 区块选取 30 口易卡井，开展"高压热洗+化学加药"协同模型现场应用。应用后，该区块平均热洗周期由 43d 延长至 78d，油井生产时率提升 19.6 个百分点。由载荷变化情况示意图（图 4）可以看出，试验后平均最大载荷立刻由 39.5kN 下降至 32.4kN，最小载荷由 20.1kN 下降至 16.9kN，载荷明显降低；此后最大载荷均能维持在 32.0kN 附近且曲线平滑，说明油井能保持平稳运行。对比历年解卡井数变化情况（图 5）可知，2024 年 A 区块解卡井数累计减少 79 井次，说

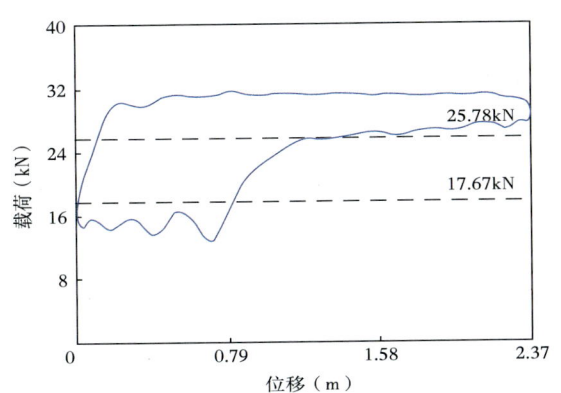

图 3 X-1 井协同模型试验加药后示功图

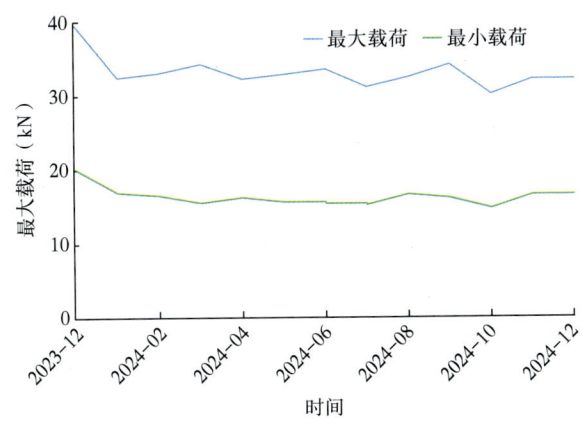

图 4 易卡井载荷变化情况示意图

明应用协同模型取得了较好的效果。

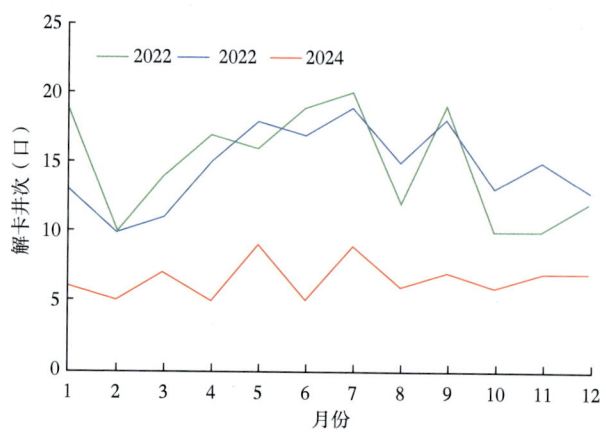

图5 历年解卡井数变化情况示意图

4 结 论

（1）通过建立"低—中—高"三级排量高压热洗与"短周期+小药量"化学加药协同模型，即在高压热洗油井产量恢复后加药，可以提高井筒维护质量并保持油井平稳运行，减少年解卡工作量，提高油井时率。

（2）现场实践表明，该协同模型在A区块应用适应性较好，下一步可以针对特高含蜡井实施个性化工艺补充和推广应用。

参考文献

[1] 郭海滨．油井清蜡防蜡技术及新型技术应用［J］．石化技术，2019，26（7）：256-257．

[2] 宣英龙，孙仁远，李培伦，等．高含蜡油井结蜡预测方法研究［G］//大庆油田有限责任公司采油工程研究院．采油工程2013第1辑．北京：石油工业出版社：28-29．

[3] 刘晓博，鄢长灏，杨学峰，等．油田防蜡防垢防腐技术研究与应用［M］．北京：石油工业出版社，2022：7-8．

[4] 杨全安，慕立俊．油井实用清防蜡与清防垢技术［M］．北京：石油工业出版社，2014：20-21．

[5] 李子胥．华北某区块井筒结蜡原因分析及其结蜡程度预测［J］．世界石油工业，2022，29（4）：61-66．

[6] 宋春红．分布式光纤温度监测系统研究及应用［G］//大庆油田有限责任公司采油工程研究院．采油工程2022第2辑．北京：石油工业出版社，2022：75-79．

[7] 段福海．提高油井高压热洗效率［J］．化学工程与装备，2020.4：94-95．

[8] 陈倩．浅谈油井清蜡防蜡工艺的应用［J］．中国石油和化工标准与质量，2023，43（18）：175-177．

（编辑：陈琳）

Application of CO₂ Composite Huff and Puff Technology in Chaoyanggou Oilfield

Han Guoxin

(The Tenth Oil Production Plant of Daqing Oilfield Co., Ltd.)

Abstract: In order to solve the problems of poor water flooding efficiency and ineffective replenishment of formation energy in some oil production wells in Chaoyanggou Oilfield, research on the application of CO_2 composite huff and puff technology has been carried out. Based on the principle of CO_2 huff and puff technology and combined with the difficulties encountered in the application, the four-slug process, measures to prevent cold damage, well soaking and blowout system have been optimized and formed. Through the field application, the effect of CO_2 composite huff and puff technology was analyzed, and the multi-round CO_2 huff and puff technical system was formulated. The CO_2 composite huff and puff technology has been applied 273 times in oil production wells of Chaoyanggou Oilfield, with an effective rate of 90.1%. The initial daily oil production was 1.36 tons after taking the measures, and the average cumulative oil production per well during the effective period was 165.9 tons. For oil production wells that applied the multi-round CO_2 composite huff and puff technology, the next round of huff and puff could be carried out if the previous round fails, and the recommended huff and puff injection volume is 1.38 times to 1.44 times that of the previous round. The CO_2 composite huff and puff technology provides the technical reference for energy replenishment and production increase in Daqing peripheral low-permeability oilfields.

Keywords: CO_2 composite huff and puff; low-permeability oilfield; technical optimization; multi-round huff and puff; gas injection volume

Application of Composite Nano-Surfactant and Thermal Gas Energy Technology in Thick Oil Wells

Zhao Sicong

(The Tenth Oil Production Plant of Daqing Oilfield Co., Ltd.)

Abstract: In order to solve the problems of low porosity, low permeability, high viscosity of crude oil, and severe blockage caused by waxy resin in Chaoyanggou Oilfield, the application of composite nano-surfactant and thermal gas energy technology has been carried out. Based on the mechanism of oil displacement and viscosity reduction in the technology, the interface characteristics and oil displacement performance of composite nano-surfactants were evaluated, and a collaborative injection process system of composite nano-surfactant and thermal gas energy was established. By optimizing key parameters, the high-temperature mixed gas volume was designed and field experiments were conducted. The results showed that the composite nano-surfactant could effectively reduce the interfacial tension between oil and water, and dissolve CO_2 by high-temperature mixed gas to achieve volume expansion and thermal viscosity reduction of crude oil, removing the organic-inorganic composite blockage. The test was conducted in 5 wells, with a cumulative increase of 2041tons in oil production. The recovery rate increased from 51.3% to 68.8%, with an increase of 17.5%. This technology significantly improves the development efficiency of low-permeability oil reservoirs by using wedge-shaped permeation to remove oil membrane and high-temperature gas to enhance energy, and provides a new solution for solving problems in similar wells.

Abstract: low-permeability oil reservoir; composite nano-surfactant; thermal gas energy technology; dual slug injection; recovery efficiency

Study on Nano-Emulsion Huff and Puff Oil Stimulation Technology for Low Permeability Oilfields

Li Xianchao

(*The Tenth Oil Production Plant of Daqing Oilfield Co., Ltd.*)

Abstract: Some oil wells in Chaoyanggou Oilfield have a large amount of remaining oil that couldn't be produced due to insufficient formation energy. In order to effectively supplement formation energy and tap the potential of remaining oil, the research on nano-emulsion huff and puff stimulation technology was carried out. Through the mechanism analysis of nano-emulsion huff and puff stimulation, the nano-emulsion was screened, the mass fraction was optimized, and the comprehensive performance was evaluated. A three-stage operation process of injection, replacement, and well shut-in was established to determine the injection parameters, and optimize the well shut-in time. The on-site test of GPCQ-25 nano-emulsion was carried out on 90 wells with the technical success rate of 100% and measures effective rate of 88.9%. The average daily oil production per well within 30 days was 1.3 tons, and the average cumulative oil production per well within 8 months was 134.4 tons after taking measures. The results show that nano-emulsion huff and puff stimulation technology can effectively tap the potential of remaining oil, which provides a technical reference for the production of remaining oil in low-permeability oilfields.

Keywords: nano-emulsion; low permeability oilfield; tap potential of remaining oil; spontaneous seepage; wetting inversion

Research and Application of Scale Removal and Inhibition Technology in Wellbore

Ji Hong

(*The Tenth Oil Production Plant of Daqing Oilfield Co., Ltd.*)

Abstract: In order to reduce the pump inspection rate of oil wells due to scaling and extend the pump inspection cycle, the research and application of scale removal and inhibition technology in wellbore were carried out. Through the statistical analysis of the pump inspection and scaling situation in the X oil production plant of Daqing Oilfield, the OLI-ScaleChem software and spectral irradiation technology were used to analyze the scaling samples in the laboratory experiments. The chemical scale removal agent was selected preferentially, and the structure of the downhole drip device was improved. The porous nozzle, multi-stage scale inhibition pipe string for downhole adsorption and long plunger sand & scale prevention pump were designed, which were applied on site according to different scaling characteristics. The results showed that chemical and mechanical scale removal and inhibition has formed a treatment mode by combining downhole scale inhibition and ground scale removal. By applying the scaling control technology for different scaling wells in different blocks, the average scaling pump inspection rate was reduced by 1.7%, which achieved good scaling removal effect. The research and application of scale removal and inhibition technology in wellbore effectively improve the scale removal efficiency and extends the maintenance free period of rods and pipe, which lays the foundation for the scale removal work in X oil production plant.

Keywords: drip device; scale type; scale composition; scale removal technology; spectral irradiation technology

Application of Modified Two-Dimensional Nano-Surfactant in Low-Permeability Oilfields

Li Xin

(*The Tenth Oil Production Plant of Daqing Oilfield Co., Ltd.*)

Abstract: In order to tap the potential of remaining oil and improve oil recovery efficiency in low-permeability oilfield A, the application of modified two-dimensional nano-surfactant was carried out. Through the understanding of the characteristics of the surfactant, the mass concentration of the optimized agent in the laboratory was evaluated by applying the emulsification to reduce the viscosity of crude oil and improve oil recovery efficiency. The injection process and operating parameters were designed and field application was carried out. The measure effect of water cut, connected thickness, formation energy and other aspects were compared. The results showed that when the mass concentration of the agent was 50 mg/L, the effect of emulsification to reduce viscosity of crude oil was the best and the recovery efficiency was thereby higher. The field test was conducted on 15 wells with the measure effective rate of 93.3%, the average daily oil increment was more than 1 ton per well, and the cumulative oil increment was 179.8 tons. It was determined that the surfactant has better treatment effects on medium and low water-cut wells with large connected thickness and sufficient formation energy. The application of this surfactant has provided a technical reference for the effective production in low-permeability oilfields.

Keywords: modified two-dimensional nano-surfactant; low-permeability oilfield; emulsification and viscosity reduction; oil stimulation and production; oil recovery efficiency improvement

Experimental Study and Performance Analysis of Three-Phase Spiral AICD in Horizontal Wells

Wang Qinghai[1], Ma Ziliang[2], Lu Sisi[1]

(1.The Tenth Oil Production Plant of Daqing Oilfield Co., Ltd.; 2.The First Oil Production Plant of Daqing Oilfield Co., Ltd.)

Abstract: The horizontal wells are affected by reservoir heterogeneity, toe-heel effect and other factors, resulting in edge-bottom water or injected water coning, which leads to a rapid increase in water cut. To solve this problem, the experimental study and performance analysis of three-phase spiral AICD for horizontal wells were carried out. Based on the principles of spiral separation and three-way pipe flow division and phase separation, the inlet connection mode, inlet quantity, and nozzle diameter of the three-phase spiral AICD were optimized through numerical simulation of fluid mechanics. Indoor experiments were conducted to analyze and verify fluids with different viscosities and flow rates. The results showed that optimal three-phase spiral AICD with tangential connection, 1 inlet, and a 40 mm diameter nozzle achieved an oil-water separation efficiency of 29% under the conditions of oil phase viscosity of 200 mPa·s and water cut of 90%, achieving good separation effect. The three-phase spiral AICD has achieved differentiated control of oil-water two-phase fluids by autonomously and dynamically adjusting flow resistance, realizing the goal of water control and oil stabilization.

Keywords: horizontal well; three-phase spiral AICD; oil stabilization and water control; structural design; numerical simulation

Application of Non-Stop Intermittent Pumping Technology in Low-Permeability Oilfields

Guan Wentao, Song Chenggong, Fang Ming, Xu Hao, Zhang Yumin

(The Tenth Oil Production Plant of Daqing Oilfield Co., Ltd.)

Abstract: In order to solve the problem of high energy consumption in mechanical production wells and low oil production per well in Chaoyanggou Oilfield, the application of non-stop intermittent pumping technology in low-permeability oilfields was carried out. Through the structural and principle analysis of the non-stop intermittent pumping distribution box, the study on the variation law of the submergence in intermittent pumping wells was conducted by taking the relationship between the liquid production in oil wells and the bottom-hole flowing pressure as the theoretical research foundation. In addition, the guidance template for non-stop intermittent pumping system has been developed and verified through the field tests. By the end of 2024, the non-stop intermittent pumping technology had been applied to 2281 wells in the field with the power consumption in mechanical production wells decrease by 15.7% and the system efficiency increase by 3.28%. The non-stop intermittent pumping technology in low-permeability oilfields has provided strong support for cost reduction and efficiency improvement in oilfields.

Keywords: liquid production; oil pumping unit; non-stop operation; intermittent pumping system; submergence; energy saving and consumption reduction

Research on Load Calculation Model of Oil Pumping Units in High-Viscosity Inclined Wells

Xu Yonghui

(*The Tenth Oil Production Plant of Daqing Oilfield Co., Ltd.*)

Abstract: At present, the traditional load calculation model of oil pumping units cannot meet the needs of low-permeability oilfields in the periphery of Daqing. Therefore, the research on the load calculation model of oil pumping units in high-viscosity inclined wells was carried out. By analyzing the influence of well angle and viscosity on the load, the micro-element method was used to calculate the load of the sucker rod string, and the big data statistical regression method was applied to modify the load calculation model based on the force analysis of the sucker rod string. The load calculation model of the oil pumping units in the high-viscosity inclined well was optimized, and the model application had been carried out. The technology was applied to 30 oil production wells in Block B with a load error of -2.6‰, and applied to 10 oil production wells in Block C with a load error of -2.0%. After the 40 oil production wells were put into production, the production was reasonable, and the pumping equipment operated safely and efficiently. This model has provided a basis for the load calculation of oil pumping units in high-viscosity inclined wells in peripheral low-permeability oilfields of Daqing.

Keywords: load calculation model; pumping unit; inclined well; high viscosity; measured load

Application of Permanent Magnet Semi-Direct Drive Synchronous Motors in Low-Permeability Oilfields

Wang Yuxia

(*The Tenth Oil Production Plant of Daqing Oilfield Co., Ltd.*)

Abstract: In order to improve the efficiency of the lifting system in low-permeability oilfields, and reduce the power consumption per ton of fluid, the application research of permanent magnet semi-direct drive synchronous motors in low-permeability oilfields was carried out. Through the study of the working principle and technical characteristics of the permanent magnet semi-direct drive synchronous motor, the analysis was conducted on its pumping stroke requirements and adaptability to non-stop intermittent pumping in low-permeability oilfields. The results showed that after installing the permanent magnet semi-direct drive synchronous motor, the oil pumping unit could be converted from the power frequency to the variable frequency state to achieve energy saving. Combined with synchronous frequency conversion distribution boxes and synchronous motors, the technology had been applied to 70 wells on site in 2024. Among them, the comprehensive power saving rate was 21% in 10 wells, and the system efficiency was increased by 1.6% after using the permanent magnet semi-direct drive synchronous motors. For those wells with ultra-low production and low pumping stroke, the average power saving rate was 28.1% after adopting the combined application mode of "reducing pumping strokes and intermittent pumping". This technology can meet the production requirements of low-permeability oilfields such as low pumping strokes and non-stop intermittent pumping, which has broad application prospects.

Keywords: beam pumping unit; permanent magnet semi-direct drive; motor; energy saving; system efficiency; infinite adjustment

Research and Application of Low-Cost Wellbore Maintenance Technology for Heavy Oil Reservoirs

Wang Junfeng

(*The Tenth Oil Production Plant of Daqing Oilfield Co., Ltd.*)

Abstract: To solve these problems, including high crude oil viscosity, serious wax deposition in heavy oil wells, frequent pump sticking issues, and high energy consumption and costs associated with downhole electric heating and viscosity reduction technology in Block A of Chaoyanggou Oilfield, the research and application of low-cost wellbore maintenance technology for heavy oil reservoirs were carried out. By optimizing the chemical viscosity reducers and the injection volume, and improving the drip-feeding device, the viscosity reducers are continuously and stably injected into the casing-tubing annulus. The wax melting effect of oil samples in Block A was compared, a high-pressure hot washing well temperature monitoring test for heavy oil wells was carried out, and the hot washing parameters were optimized to achieve the purpose of effective wax removal in the entire paraffin deposition interval. 23 heavy oil wellbores were maintained on site. The average monthly pump sticking incidents per well decreased by 4.3 times, and the production efficiency increased by 15.8%. The low-cost wellbore maintenance technology for heavy oil blocks can ensure the normal production of heavy oil wells, and provide a new method for the wellbore maintenance of heavy oil wells.

Keywords: heavy oil; drip chemical viscosity reduction; wax melting temperature; temperature monitoring for thermal washing well; parameter optimization for thermal washing

Research and Application of Abandoned Well Treatment Technology

Zhang Jianyong

(The Tenth Oil Production Plant of Daqing Oilfield Co., Ltd.)

Abstract: In order to solve the problems such as well location loss, no pressure relief channel, and complex well conditions encountered in the treatment of abandoned wells in Chaoyanggou Oilfield, the research and application of well abandonment technology were carried out. Through the investigation of key well abandonment technologies, starting from aspects such as well location search, wellhead improvement, and pressurized hole opening, the abandonment process was optimized according to different well conditions, with cement injection performed on treated and reconstructed wells. At present, 1435 abandoned wells have been successfully treated in the Chaoyanggou Oilfield, with a success rate of 100%. This study has achieved precise abandonment throughout the entire process, which is of great significance for accelerating the abandonment of oil and water wells.

Keywords: abandoned well; scrapped; casing damage; cement; safety and environmental protection

Research on Balanced Hydraulic Compensation Device

Tan Jingchao

(1.The Tenth Oil Production Plant of Daqing Oilfield Co., Ltd.)

Abstract: During the water flooding development of Oilfield A, the problem of packer unsealing often occurs in separate-layer water injection wells. In order to improve the technical condition of downhole string, the research on balanced hydraulic compensation device was carried out. According to the principles of constant pressure graded releasing packer and hydraulic compensator, both the tool parameters and calculation of the liquid compensation amount have been designed, and carried out a comparative analysis of the stress on the conventional pipe string and the string that equipped with a balanced hydraulic compensation device, so as to apply the comprehensive parameter detection and experimental system for downhole tools conducting performance tests, such as setting, releasing, and pressure bearing. The results showed that the constant pressure releasing packer achieved pressure balance inside and outside the string, the hydraulic compensator could slowly replenish liquid into oil casing below the packer to ensure the device is tightly sealed. The installation of the balanced hydraulic compensator makes the overall force on the string balanced, and no creeping occurs. As of November 2024, the field application has successfully achieved setting and low-force unsealing in one well. This study has preliminarily verified the working performance of the balanced hydraulic compensator at well site.

Keywords: sealing rate of packer; force on pipe string; constant pressure graded releasing packer; hydraulic compensator; force balance

Research and Application on Optimization of Wax Removal and Prevention Technology for Oil Wells in Block A

Jiang Liangliang

(*The Tenth Oil Production Plant of Daqing Oilfield Co., Ltd.*)

Abstract: In order to solve the problems of poor adaptability, slow effect and short hot washing cycle in single wax removal and prevention ways in low-permeability blocks, the optimization research and application of wax removal and prevention technology for oil wells were carried out in Block A. According to the analysis of the wax deposition characteristics and causes in Block A, the main wax deposition position was determined. By formulating the grading standards for hot water washing quality and conducting compatibility experiments of chemical agents, a cleaning and wax prevention collaborative model was constructed and applied in the field. An efective field test was carried out on 30 wells by combining three-level displacement, i.e. "low-medium-high ($5m^3/h$ —10 m^3/h - 15 m^3/h)" chemical dosing in high-pressure hot water washing with "short cycle (30 days) and small dosage (150 kg)". The hot water washing cycle was extended from 43 days to 78 days, the production efficiency of oil wells was increased by 19.6%, and the cumulative number of pipe sticking release was reduced by 79 times. This study provides a quantifiable design basis for wax removal and prevention parameters in similar types of oil reservoirs.

Keywords: low permeability; high-pressure hot water washing; chemical dosing; wax removal and prevention; collaborative model